海南热带雨林国家公园优先保护物种图鉴

◎汪继超 梁 伟 严岳鸿 曾念开 编著

中国环境出版集团·北京

图书在版编目（CIP）数据

海南热带雨林国家公园优先保护物种图鉴/汪继超等编著. —北京：中国环境出版集团，2023.3
ISBN 978-7-5111-5469-9

Ⅰ. ①海… Ⅱ. ①汪… Ⅲ. ①热带雨林—国家公园—动物保护—物种—海南—图集 ②热带雨林—国家公园—植物保护—物种—海南—图集 Ⅳ. ①S863-64②S4-64

中国国家版本馆 CIP 数据核字（2023）第 039842 号

出 版 人 武德凯
责任编辑 韩 睿
封面设计 岳 帅

出版发行 中国环境出版集团
（100062 北京市东城区广渠门内大街 16 号）
网 址：http://www.cesp.com.cn
电子邮箱：bjgl@cesp.com.cn
联系电话：010-67112765（编辑管理部）
发行热线：010-67125803，010-67113405（传真）
印 刷 北京中科印刷有限公司
经 销 各地新华书店
版 次 2023 年 3 月第 1 版
印 次 2023 年 3 月第 1 次印刷
开 本 787×1092 1/16
印 张 18.25
字 数 330 千字
定 价 126.00 元

《海南热带雨林国家公园优先保护物种图鉴》

编委会

第一部分　海南热带雨林国家公园优先保护脊椎动物

顾问专家组成员

郑光美　中国科学院院士，北京师范大学生命科学学院教授，国际鸟类学联合会（IOU）资深委员，世界雉类协会（WPA）理事长，国际生物多样性计划中国国家委员会科学咨询委员会委员，中国动物学会常务理事，鸟类学分会名誉理事长

魏辅文　中国科学院院士，发展中国家科学院院士，中国科学院动物研究所研究员，中华人民共和国濒危物种科学委员会副主任，中国动物学会秘书长，兽类学分会副理事长，中国生态学会副理事长，世界自然保护联盟（IUCN）物种生存委员会熊类专家组、小型食肉动物专家组和灵长类专家组成员，陕西省林业科学院秦岭大熊猫研究中心学术委员会主任

汪　松　中国科学院动物研究所研究员，国际生物科学联盟中国国家委员会主席

史海涛　海南师范大学教授，海南省动物学会理事长

评估专家组成员

刘少英　四川省林业科学研究院，研究员
吴　毅　广州大学，教授
时　坤　北京林业大学，教授
张雁云　北京师范大学，教授
马志军　复旦大学，教授
孙悦华　中国科学院动物研究所，研究员
江建平　中科院成都生物研究所，研究员
申志新　海南省海洋与渔业科学院，研究员
梁　伟　海南师范大学，教授
汪继超　海南师范大学，教授
王力军　海南师范大学，教授
蔡杏伟　海南省海洋与渔业科学院，副研究员
涂飞云　海南师范大学，副研究员

林　柳　海南师范大学，副教授

肖繁荣　海南师范大学，博士

王同亮　海南师范大学，博士

第二部分　海南热带雨林国家公园优先保护植物

顾问专家组成员

马克平　中国科学院植物所研究员，世界自然保护联盟（IUCN）亚洲区会员委员会主席，中国科学院生物多样性委员会副主任兼秘书长、《生物多样性》主编等

邢福武　中国科学院华南植物园研究员，国际植物分类学会会员，世界自然保护联盟物种生存委员会（IUCN-SSC）中国植物专家组成员，中国野生植物保护协会理事

杨小波　海南大学教授，教育部自然保护与环境生态类专业教学指导委员会委员、国家林业和草原局国家公园和自然保护地标准化技术委员会委员，中国生态学会常务理事、海南省生态学会理事长等

张宪春　中国科学院植物所研究员，中国野生植物保护协会蕨类植物专业委员会名誉主任，中国花卉协会蕨类植物分会名誉会长，中国植物学会蕨类专业委员会主任

张　力　深圳市中国科学院仙湖植物园研究员，中国植物学会苔藓专业委员会主任，中国科学技术协会聘为“苔藓植物研究、科研管理与科普教育领域首席科学传播专家”

金效华　中国科学院植物所研究员，中国野生植物保护协会兰科植物保育委员会副主任，国家濒危物种科学委员会委员，中国植物学会兰科植物分会理事长

覃海宁　中国科学院植物所研究员，《生物多样性公约》（CBD）全球分类学倡议中国国家联络人，世界自然保护联盟物种生存委员会（IUCN-SSC）中国植物专家组组长

王瑞江　中国科学院华南植物园研究员，世界自然保护联盟（IUCN）中国植物红色名录专员

陈红锋　中国科学院华南植物园研究员，中国海洋学会热带海洋分会委员，广东省植物学会秘书长，世界自然保护联盟物种生存委员会（IUCN-SSC）中国植物专家组成员

评估专家组成员

严岳鸿 深圳市兰科植物保护研究中心，研究员

任明迅 海南大学，教授

郑希龙 广东药科大学，副教授

张荣京 华南农业大学，副教授

秦新生 华南农业大学，副教授

第三部分 海南热带雨林国家公园优先保护大型真菌

顾问专家组成员

杨祝良 中国科学院昆明植物研究所研究员，中国科学院昆明植物研究所东亚植物多样性与生物地理学重点实验室执行主任，国家杰出青年科学基金获得者，美国真菌学会荣誉会员奖，国际真菌命名法委员会委员，世界自然保护联盟物种生存委员会委员

兰　进 中国医学科学院药用植物研究所研究员，中国中药协会菌物药专业委员会副主任委员，中国食用菌协会药用真菌委员会副主任委员

陈作红 湖南师范大学教授，中国菌物学会常务理事兼科普工作委员会主任委员

曾　辉 福建省农业科学院食用菌研究所所长，教授级高级工程师（专技二级）

林文飞 浙江大学生命科学学院食药用菌研究所常务副所长，高级农技师，中国菌物学会虫草产业分会秘书长，中国菌物学会科普委员会副主任委员

评估专家组成员

曾念开 海南医学院菌物资源与可持续利用研究组，教授

张　平 湖南师范大学生命科学学院，教授

梁俊峰 中国林业科学院热带林业研究所，研究员

葛再伟 中国科学院昆明植物研究所，副研究员

唐丽萍 昆明医科大学药学院，教授

陈向东 中国医学科学院药用植物研究所，研究员

周丽伟　中国科学院微生物研究所，研究员
曾昭清　中国科学院微生物研究所，高级工程师
李　煜　扬州大学，博士
薛　柔　海南医学院菌物资源与可持续利用研究组，博士

序

我国的国家公园主要是保护具有国家代表性的自然生态系统，其中生物多样性是保护的核心之一。在查明国家公园生物多样性家底的基础上，系统梳理和评估物种濒危状况，制定优先保护物种名录，可为国家公园生物多样性保护决策提供科学依据，有利于国家公园内的重要珍稀濒危物种和生物多样性的保护工作。

海南热带雨林国家公园位于热带北缘，系大陆性岛屿热带雨林，作为世界热带森林的重要组成部分，是我国分布最集中、保存最完好、连片面积最大的热带雨林，也是我国热带雨林的典型代表。海南热带雨林国家公园生物多样性丰富，拥有野生维管束植物 3 600 多种、大型真菌 2 000 多种、陆栖脊椎动物 540 多种。由于资源过度利用和栖息地破坏等因素影响，海南热带雨林的生物多样性受到严重威胁。

20 世纪 90 年代以来，海南师范大学对海南岛动物的分布和种群生态开展了大量研究并积累了大量生态资料，先后出版了《海南两栖爬行动物志》《海南吊罗山常见脊椎动物彩色图鉴》《海南国家重点保护陆生野生动物图鉴》《海南国家重点保护水生野生动物图鉴》《海南热带雨林国家公园国家重点保护野生动物图鉴》等著作，基本查明了海南脊椎动物的种群分布和濒危状况；还与海南医学院、深圳市兰科植物保护研究中心等单位开展了海南大型真菌和植物的调查研究。

由海南国家公园研究院资助，海南国家公园研究院与海南热带雨林国家公园管理局共同发布的海南国家公园研究院成果（KY-22ZK01）——《海南热带雨林国家公园优先保护物种名录》，对《海南热带雨林国家公园优先保护物种图鉴》的编著奠定了坚实的基础。

在前期工作的基础上，结合近年的深入调查，通过系统梳理海南热带雨林国家公园的物种资料，编写了《海南热带雨林国家公园优先保护物种图鉴》。该书图文并茂，系统介绍了 90 种脊椎动物、103 种植物和 63 种大型真菌，为海南热带雨林国家公园生物多样性的保护提供了重要的基础信息，对海南生物多样性保护、国家公园建设、系统开展科学研究、提升公众的自然保护意识等具有重要意义；对海南在国家生态文明试验区和自由贸易港建设中有关环境评价、物种保护和生态旅游等方面也具有参考和指导价值。

郑光美

中国科学院院士

北京师范大学教授

2022 年 12 月 20 日

前言

全球热带雨林广泛分布在地球赤道两侧的世界热带地区。亚洲的热带雨林地域辽阔但比较分散，范围由中国海南和云南南部向东南延伸，包括印度南部、斯里兰卡、中南半岛、马来半岛、菲律宾、印度尼西亚、新几内亚等。海南热带雨林国家公园面积 4 269 km^2，横跨海南岛中部 9 个市、县，涵盖海南岛 95%以上的原生林，拥有中国分布最集中、保存最完好、连片面积最大的岛屿型热带雨林，是世界热带森林的重要组成部分，具有国家代表性和全球性保护意义。党中央、国务院高度重视海南热带雨林及其生物多样性的保护，将海南热带雨林国家公园作为国家生态文明试验区（海南）建设的重要内容。习近平总书记在海南热带雨林国家公园五指山片区考察调研时强调，国家公园建设工作是“国之大者”，要充分认识其对国家的战略意义，再接再厉把这项工作抓实抓好。

生物多样性保护是海南热带雨林国家公园建设的重要内容，是关乎中华民族永续发展的根本大计。海南热带雨林国家公园是全国生物多样性最丰富的国家公园之一，拥有植物 3 600 多种、大型真菌 2 000 多种、陆栖脊椎动物 540 多种。然而，受资源过度利用、栖息地破坏和生境破碎化等因素的影响，海南热带雨林生物多样性的保护形势依然严峻，特别是对诸多物种的濒危现状不清楚，导致生物多样性保护缺乏科学性、针对性和可操作性。

为了推动海南热带雨林国家公园从以海南长臂猿为主的保护研究，逐渐过渡到热带雨林国家公园其他物种生物多样性保护，由海南热带雨林国家公园管理局和海南国家公园研究院联合发布《海南热带雨林国家公园优先保护物种名录》。

世界自然保护联盟（IUCN）濒危物种红色名录具有重要价值，为全球生物多样性保护决策提供了基础，但该红色名录的分类和标准是为了在全球范围内评估物种灭绝风险而制定的，如果单独使用这些标准来评估区域或国家一级的地方性物种，可能导致不正确甚至误导的评估。最近出版的《中国生物多样性红色名录》对于全国的物种保护具有很强的指导意义，但对海南热带雨林的濒危物种的评估工作仍需细化和深入。为促进生物多样性保护，推动海南热带雨林国家公园建设，海南热带雨林国家公园管理局和海南国家公园研究院委托海南师范大学联合海南医学院、深圳市兰科植物保护研究中心组成评估组，对海南热带雨林国家公园的脊椎动物、植物和大型真菌类群的濒危现状进行初步评估，评估结果报送顾问专家组和评估专家组进行审核评估。评估组根据专家意见拟定形成《海南热带雨林国家公园脊椎动物、植物和大型真菌优先保护物种名录》（以下简称《名录》）草案，并将《名录》草案报海南热带雨林国家公园管理局审核后对社会公开发布并征求意见。《名录》草案公布后，在社会各界引起较大反响，中央电视台《新闻联播》栏目等媒体对《名录》草案的发布进行了专题报道。在征求意见结束后，评估组对《名录》草案进行修订并报主管部门核定形成正式版。《名录》的正式版按物种优先保护顺序，列入了脊椎动物 90 种、植物 103 种、大型真菌 63 种。后续编者也将根据更新的物种信息资料不断对《名录》进行调整和修订，以便更好地服务于海南热带雨林生物多样性的保护工作。

为使公众了解海南热带雨林国家公园优先保护物种的濒危现状，提高公众的保护意识，积极参与生态文明共建，我们依据《名录》主持编著《海南热带雨林国家公园优先保护物种图鉴》。本书记述了优先保护物种的分类地位、识别特征、分布、优先保护理由和保护建议与措施，并配以彩色图片，内容丰富，实用性强，可作为本土教材供海南高等院校学生和生物多样性保护人士使用与参考。

作为海南国家公园研究院成果（KY-22ZK01），本书编写工作得到海南国家公园研究院专项资金的资助，同时得到海南省林业局、海南热带雨林国家公园管理局、海南国家公园研究院、海南师范大学以及热带岛屿生态学教育部重点实验室和海南省生态学重点学科等单位和平台支持。

在编写过程中，众多科研单位、科研工作者和摄影爱好者提供了许多物种照片（具体拍摄者见书中图注），谨在此对以上单位和拍摄者表示衷心感谢。此外，海南国家公园研究院资深专家章新胜先生、执行院长汤炎非教授、副院长刁晓平教授，顾问专家组和评估专家组在优先保护名录的拟定过程中提出了许多中肯的意见和建议，在此一并致以诚挚的谢意。

受编写时间所限，书中难免存在错漏之处，敬请读者批评指正。

编者

2022 年 10 月

目 录

第一部分　海南热带雨林国家公园优先保护脊椎动物

第二部分　海南热带雨林国家公园优先保护植物

第三部分　海南热带雨林国家公园优先保护大型真菌

第一部分

海南热带雨林国家公园
优先保护脊椎动物

海南岛野生动物种类丰富，特有性强，岛屿特色明显，热带特征突出。历史资料记录，海南热带雨林野生动物物种多样性程度高，种群数量多。明清以后，特别是 20 世纪下半叶以来，野生动物种类和种群数量急剧减少。三亚落笔洞遗址出土了 45 种哺乳动物化石材料，其中已有 12 种在不同历史时期灭绝。偶蹄目鹿科动物在历史上尤其兴盛。据三亚落笔洞化石材料和近代文献记载，海南鹿科动物应有海南麂、坡鹿、水鹿、麋鹿、毛冠鹿、小麂 6 种，其中毛冠鹿、麋鹿和小麂已经灭绝，坡鹿现在主要圈养在保护区内，水鹿和海南麂也濒临险境。20 世纪早期、中期数量较多的原始森林鸟类，现在由于数量锐减而难以遇见。

海南热带雨林的大中型动物种群数量下降最为严重。黑熊是海南热带雨林的古老成员，三亚落笔洞遗址发现有黑熊牙齿化石。20 世纪 50 年代垦山种橡胶时，人们还常遇见熊。90 年代至今，鲜见熊的报道，熊可能已经绝灭。云豹在明清时期的分布较广，明清时期只有澄迈县和会同县（又名琼东县，今琼海市北）无产豹的记载。60 年代，云豹在中部山区腹地林区，有一定数量，尖峰岭土产收购站还能够在冬季收到云豹幼仔。80 年代以后，云豹踪迹难觅，濒临灭绝。明朝至民国时期，以大灵猫、小灵猫为代表的灵猫科动物和以水獭、小爪水獭为代表的鼬科动物在海南分布极广泛，几乎遍布沿海四州郡，数量极多。六七十年代以后，数量锐减，栖息范围日见狭小。

明清时期海南长臂猿广泛分布于全岛，20 世纪 60 年代初期尚有 2 000 多只，分布于琼海、万宁、东方等 10 个市县。到 70 年代只残存 5～6 群，30～40 只，而到 80 年代仅见于霸王岭一处，只有 7～9 只。经过 40 多年的保护，目前海南长臂猿增长到 5 群 36 只，但仍然处于灭绝的边缘，是全球现存数量最少的灵长类动物，被世界自然保护联盟（IUCN）列为全球最稀有的灵长类动物。

海南热带雨林动物种群数量和种类的巨大变化首先是受原始森林消失的影响。海南岛西汉前原始森林覆盖率约达 90%，明清以来就开始急剧下降，尤其是近 100 年来下降速度大大加快，到 1956 年天然林覆盖率已降至 25.5%，1987 年降至 7.2%。大片连续分布的原始森林消失，代之以次生林、灌木、草坡和人工林，而这些植被又被作物、道路、人工建筑分隔成许多面积较小的生境片段岛屿，导致动物的生境丧失和破碎。由于原始森林被大面积砍伐，许多热带树栖动物栖息无处，觅食无源，出现树倒猢狲散的现象。低山丘陵次生植物群落区，已在垦殖后种上了橡胶。橡胶林几乎无任何天然植物，迫使许多动物另谋生境。人类过度利用是动物濒危的直接原因。历史上海南狩猎之风盛行，20 世纪 50 年代以后又有大批职业猎手从岛外进入，滥捕滥猎、竭泽而渔，造成了野生动物种群急剧减少。早期狩猎原因主要是食用和药用。海南长臂猿又称作乌猿，其骨骼为药材“乌猿骨”。传统中医理论认为其有滋补颜色、祛风健骨、舒筋活血的功效，海南长臂猿因此遭到人类的戮害。近现代以来，野生动物贸易是导致捕猎活动的主要原因。高昂的市场价格强烈刺激了民众的捕猎活动。海南热带雨林的龟鳖类中，三线闭壳龟是最昂贵的种类，因此遭到灭绝性的猎捕。平胸龟等其他龟鳖类也因不菲的价格遭到猎捕。20 世纪 80 年代海南岛禁猎后，非法捕猎仍时常发生，幸存下来的珍稀动物命运并不乐观。

资料数据显示，海南热带雨林国家公园内共记录陆栖脊椎动物 5 纲 38 目 145 科 414 属 540 种，淡水鱼类约 100 种。对优先保护脊椎动物的遴选，首先通过评估专家组初评，确定优先保护评价指标体系。该评价指标体系综合考虑脊椎动物的重点保护状况、全球濒危状况、中国濒危状况、遗传价值、分布频度和遇见率 6 个指标。赋予上述 6 个指标不同权重，构建优先保护次序，主要通过计算它们的加权平均数得到其优先保护得分（总评），最后根据总评分由高到低进行排列得到优先保护顺序。

总评=重点保护状况×25%+全球濒危状况×15%+中国濒危状况×15%+分布频度×15%+遗传价值×15%+遇见率×15%

海南热带雨林国家公园脊椎动物优先保护物种名录（按得分排序）物种共 90 种。

1 海南长臂猿

Nomascus hainanus

别　　名　海南黑冠长臂猿、乌猿、人熊

分类地位　哺乳纲（Mammalia）、灵长目（Primates）、长臂猿科（Hylobatidae）、冠长臂猿属（*Nomascus*）

识别特征　中等体形，体长 40～60 cm，体重 7～8 kg。眼眶大，眶上脊明显。门齿中间 1 对齿面平直，外侧 1 对齿面钝尖。前肢明显长于后肢。手指掌比脚趾掌长，无颊囊，尾退化，两性间毛色差异较大。雄性通体黑色，嘴边有几根白毛，头上有 1 簇毛。雌性毛色从黄灰色到淡棕色，头顶部和腹部各有 1 个黑斑。

分　　布　我国海南霸王岭。

优先保护理由　国家一级保护动物、极危（IUCN）、极危（中国）、海南特有种。

保护建议与措施　近年来，海南长臂猿种群数量逐渐增加，保护成效凸显，有待进一步加强栖息地保护。

⊙ 陈庆　提供/海南

2 海南孔雀雉

Polyplectron katsumatae

分类地位 鸟纲（Aves）、鸡形目（Galliformes）、雉科（Phasianidae）、孔雀雉属（*Polyplectron*）

识别特征 非常华丽而有辨识度的雉科鸟类，因翅膀及尾羽上有眼斑而得名。国内仅见灰孔雀雉和海南孔雀雉两种孔雀雉，前者只分布于云南、西藏，而后者只分布于海南，所以从地域分布上即可区别。形态上，海南孔雀雉的羽冠更短，肩羽、飞羽的眼斑为蓝绿色，而尾羽的眼斑有灰色边缘，且眼斑直径小于 15 mm。

分布 我国海南。

优先保护理由 国家一级保护动物、濒危（IUCN）、极危（中国）、海南特有种。

保护建议与措施 海南孔雀雉濒危的原因主要是栖息地的破坏和捕猎，应当保护、扩大、连通其栖息地，禁止盗猎。同时，现今缺乏对其野外种群数量的评估，应当开展系统性、持续性的调查监测工作。在摸清其种群数量的基础上，有计划地开展人工繁育、野化放归工作。

⊙ 符建灵 拍摄/海南

3 中华穿山甲

Manis pentadactyla

别　　名　鲮鲤、麒麟

分类地位　哺乳纲（Mammalia）、鳞甲目（Pholidota）、鲮鲤科（Manidae）、穿山甲属（*Manis*）

识别特征　头体长 42～92 cm，尾长 28～35 cm，体重 2.4～7.0 kg。身体狭长，全身除腹部外均被覆瓦状鳞甲，鳞片间杂有数根刚毛。鳞甲为褐色或棕褐色，幼兽常为棕褐色。颜面、腹面从下颌经胸腹至尾基部及四肢内侧无鳞甲，着生稀毛。两颊、眼和耳部亦被毛。头小，呈圆锥状，眼小，吻尖，舌长，无齿。鼻骨长，眶小，颧弓不完整。四肢短，前肢比后肢长，前足爪长于后足爪，中间趾爪特别粗长。前后足掌裸露，无掌垫、跖垫和指垫。雌性具 2 对乳头，位于胸腹部。

分　　布　我国大陆南部和台湾；国外延伸到尼泊尔和印支北部。

优先保护理由　国家一级保护动物、极危（IUCN）、极危（中国）、海南特有亚种。

保护建议与措施　穿山甲种群数量稀少，应加强穿山甲种群监测与栖息地保护。

⊙ 张富华　拍摄/非海南

4 坡鹿

Panolia siamensis

别　　名 泽鹿、眉角鹿

分类地位 哺乳纲（Mammalia）、偶蹄目（Cetartiodactyla）、鹿科（Cervidae）、坡鹿属（*Panolia*）

识别特征 体形似梅花鹿，但体躯稍小，体重 60～80 kg。颈细，体长，四肢亦较细长。雌鹿无角，雄鹿具角，主干分叉，弯曲向前与眉叉几乎呈弯弓形，角尖端尖细。背鬣不明显。主蹄狭窄而尖，侧蹄小。体毛一般为红棕色，背部颜色较深，体侧及四肢外侧颜色较淡，腹部和四肢内侧为灰白色。脊两侧各具 1 列白斑，直至尾基部，斑点间距 30 mm 左右。臀部具少许白斑，体侧斑点极模糊。颜面及耳背面为黄褐色，耳缘带为黑色，耳内为白色。尾背面为栗棕色，腹面为白色。

分　　布 我国海南；国外延伸至缅甸、柬埔寨、印度北部、老挝、泰国和越南。

优先保护理由 国家一级保护动物、濒危（IUCN）、极危（中国）。

保护建议与措施 加强坡鹿种群监测与栖息地保护。

⊙ 王合升　拍摄/海南

5 三线闭壳龟

Cuora trifasciata

别名 金钱龟、红肚龟

分类地位 爬行纲（Reptilia）、龟鳖目（Testudines）、地龟科（Geoemydidae）、闭壳龟属（*Cuora*）

识别特征 背甲长 20 cm 左右。额顶、喉、颊及喙黄色，自吻过眼部有 2 条黑纵纹，下颌有 1 条粗黑纵纹。背甲 3 条纵棱处形成 3 条黑色纵纹，腹甲黑色，外缘有断续的黄边。四肢及尾部为橘红色或粉红色。

分布 我国海南琼中、屯昌、保亭、万宁、陵水等中南部低山及农田区域，福建、广东、广西、香港和澳门；国外分布于越南和老挝的已独立为新种。

优先保护理由 国家二级保护动物、极危（IUCN）、极危（中国）、海南特有亚种。

保护建议与措施 该物种主要分布于低山及农田区域，而这些区域有部分不在国家公园范围内，要加强国家公园范围外的监管力度。

⊙ 肖繁荣 拍摄/海南

6 海南山鹧鸪

Arborophila ardens

别　　名　山赤姑

分类地位　鸟纲（Aves）、鸡形目（Galliformes）、雉科（Phasianidae）、山鹧鸪属（*Arborophila*）

识别特征　色彩斑斓、容易辨认的山鹧鸪，头部近黑色，耳羽白色，喉部红色，上体有黑色鳞状纹，两胁有白色条纹。典型的叫声为重复双音节，似“鹧鸪～鹧鸪～”，易辨识。

分　　布　我国海南中部和西南部。

优先保护理由　国家一级保护动物、易危（IUCN）、濒危（中国）、海南特有种。

保护建议与措施　该物种偏好山地常绿林。应保护、修复其原始森林生境，减少森林砍伐和树种改造，减少盗猎。

⊙ 叶瀚阳　拍摄/海南

7 云豹

Neofelis nebulosa

别　　名　乌云豹、龟纹豹、荷叶豹、什豹

分类地位　哺乳纲（Mammalia）、食肉目（Carnivora）、猫科（Felidae）、云豹属（*Neofelis*）

识别特征　头体长 70～108 cm，尾长 55～92 cm，体重 15～20 kg。全身黄色或灰黄色，体侧自前肢到臀部具不规则的云块状斑纹，云形纹边缘黑色。额部具密集的小黑斑，眼周具不完全的黑环，眼后具 1 条明显纵向黑纹。耳背面为黑色，中间具浅灰色斑点。颈背部具 4 条黑纹，中间 2 条止于肩部，外侧 2 条较粗，延续至尾基部，该纹由数个狭长黑斑衔接而成。尾同背色，基部具纵纹，末端具数个黑环。四肢黄色，具长形黑斑。下颌、腹部和四肢内侧黄白色，并具黑斑。

分　　布　我国南部；国外延伸到印支、东南亚和印度次大陆。

优先保护理由　国家一级保护动物、易危（IUCN）、极危（中国）。

保护建议与措施　目前该物种的数量可能极少，故应加强潜在分布地的监测。

⊙ Jdross 拍摄/非海南

8 海南疣螈

Tylototriton hainanensis

别　　名　海南瑶螈

分类地位　两栖纲（Amphibia）、有尾目（Caudata）、蝾螈科（Salamandridae）、瑶螈属（*Yaotriton*）

识别特征　体长 125～148 mm。头部骨质棱显著，额鳞弧极粗壮，有眼睑，犁骨齿排列呈“∧”形。背正中有明显的脊棱。皮肤极粗糙，满布瘰粒和疣粒，体侧有纵行排列的瘰粒 14～16 枚。尾侧扁而较长，尾基部较宽，尾背鳍褶较高且平直，尾腹鳍褶低而厚。

分　　布　我国海南吊罗山、尖峰岭、鹦哥岭和五指山。

优先保护理由　国家二级保护动物、濒危（IUCN）、濒危（中国）、海南特有种。

保护建议与措施　该物种主要分布在海南热带雨林国家公园范围内。建议开展种群和分布地调查，同时加大打击人为捕捉的力度。

⊙ 王力军　拍摄/海南

9 海南四眼斑水龟

Sacalia insulensis

别　　名　四眼斑龟、六眼龟、石龟

分类地位　爬行纲（Reptilia）、龟鳖目（Testudines）、地龟科（Geoemydidae）、水龟属（*Sacalia*）

识别特征　头背有两对色彩相同、中间各有一个黑点的眼斑。雄性眼斑青色，雌性为黄色。头顶第二对眼斑内侧边缘一般相距较宽，大多呈倒“几”字形。下颌分布多个红色（雄性）或黄白色（雌性）的小斑块。

分　　布　我国海南屯昌、琼中、尖峰岭、黎母山、吊罗山、鹦哥岭等地。

优先保护理由　国家二级保护动物、极危（IUCN）、濒危（中国）、海南特有种。

保护建议与措施　栖息于山间清澈的溪流中。建议加强其栖息地的保护，严格禁止非法猎捕。

⊙ 肖繁荣　拍摄/海南

10 盆唇孟加拉鲮

Bangana discognathoides

别　　名 盆唇华鲮、盆唇硕鲮、什邦

分类地位 硬骨鱼纲（Osteichthyes）、鲤形目（Cypriniformes）、鲤科（Cyprinidae）、孟加拉鲮属（*Bangana*）

识别特征 背鳍 3～11；臀鳍 3～5；胸鳍 1～16；腹鳍 1～8；背鳍前鳞约 15 枚。体延长，侧扁，背缘略呈弧形。口下位，下颌有锐利的角质边缘。须 2 对，细小。鳞片中等大。侧线完全，仅前部稍弯曲。体青褐色，腹部颜色较浅。

分　　布 我国海南南渡江等水系。

优先保护理由 极危（中国）、海南特有种。

保护建议与措施 该鱼类主要分布于山涧溪流和深潭中，对水质和栖息地环境变化极其敏感，因此应该加大力度保护溪流两岸植被的涵水功能，防止溪流干枯和水质恶化。禁止非法捕捞（毒鱼、电鱼和炸鱼），加强对其保护生物学研究，加大保护宣传力度。

⊙ 申志新　拍摄/海南

11 霸王岭睑虎

Goniurosaurus bawanglingensis

分类地位 爬行纲（Reptilia）、有鳞目（Squamata）、睑虎科（Eublepharidae）、睑虎属（*Goniurosaurus*）

识别特征 颈前部具 1 条金褐色镶黑边的弧形色带，色带两侧分别沿头侧向前延伸至下眼睑。前肢和后肢之间具 3 条金褐色镶黑边的色带，第 1 条位于前肢后，第 2 条位于躯干正中部，第 3 条位于后肢前方约 1 cm 处。尾基部具 1 条金褐色镶黑边的色带。腕部具平滑扩大的覆瓦状鳞。尾环在腹面不相接。

分布 我国海南霸王岭、鹦哥岭等地。

优先保护理由 国家二级保护动物、濒危（IUCN）、濒危（中国）、海南特有种。

保护建议与措施 该物种常见于热带雨林国家公园公路两旁墙壁的洞穴内，建议保持两旁墙壁植被的完整。

⊙ 王同亮 拍摄/海南

12 海南脆蛇蜥

Ophisaurus hainanensis

⊙ 汪继超 拍摄/海南

别名 蛇蜥、脆蛇蜥

分类地位 爬行纲（Reptilia）、有鳞目（Squamata）、蛇蜥科（Anguidae）、脆蛇蜥属（*Ophisaurus*）

识别特征 全长约 65 cm。身体呈圆柱形，耳孔极小，远小于鼻孔，呈针尖状。头体背正中 8 行鳞片具深褐色细点斑，尾两侧各具 1 条深色细线纹。吻鳞为半圆形，前额鳞 3 枚，排成 2 列，前列单枚，后列 2 枚左右相接，并列在单枚前额鳞和额鳞之间。鼻鳞与单枚前额鳞间具 2 枚小鳞，顶间鳞宽于顶鳞，眶上鳞 5 枚。上唇鳞 11 枚，下睫鳞与上唇鳞间具 1 列眶下鳞。颏鳞小，呈三角形，下唇鳞与颏片间具 2 行小鳞。两侧沟间背鳞纵列 20 行，横列 94 行。背鳞仅在后部体长 2/3 处的中间 6 行鳞片带有弱棱，其余光滑无棱，腹鳞和尾下鳞光滑。无四肢或仅具退化的后肢。肛孔横裂。

分布 我国海南霸王岭、吊罗山、鹦哥岭等地。

优先保护理由 国家二级保护动物、低危（IUCN）、濒危（中国）、海南特有种。

保护建议与措施 该物种基本的种群生态学资料缺乏，建议加强对该物种的研究并提出科学合理的保护措施。

13 海南脊蛇

Achalinus hainanus

分类地位 爬行纲（Reptilia）、有鳞目（Squamata）、闪皮蛇科（Xenodermatidae）、脊蛇属（*Achalinus*）

识别特征 小型穴居或隐匿型无毒蛇，全长 300 mm 左右，尾长约占全长的 1/4。颞鳞有前、中、后 3 列，左右上枚后颞鳞在顶鳞之后相切甚多。液浸标本通身背面蓝灰色，略有金属光泽，颞部及上下唇缘灰褐色；腹面灰白色，腹鳞基部色较深。

分布 我国海南尖峰岭。

优先保护理由 易危（IUCN）、易危（中国）、海南特有种。

保护建议与措施 该物种的种群生态学资料极其缺乏，建议加强对该物种开展研究，进而提出科学合理的保护措施。

⊙ 站酷 提供/海南

14 海南琴蛙

Nidirana hainanensis

别　　名	弹琴蛙
分类地位	两栖纲（Amphibia）、无尾目（Anura）、蛙科（Ranidae）、琴蛙属（*Nidirana*）
识别特征	雄蛙体长约 40 mm，雌蛙体长 44～47 mm；头长、宽几相等，吻端钝圆，超出下颌。吻棱明显，颊部几乎垂直。鼻孔略近吻端，鼻孔距大于眼间距，鼓膜几与眼径等大。指端具吸盘，无马蹄形横沟，背中央常有一条自枕部延伸至背后端的浅色脊线。
分　　布	我国海南吊罗山。
优先保护理由	极危（IUCN）、易危（中国）、海南特有种。
保护建议与措施	该物种主要分布在海南热带雨林国家公园吊罗山片区，建议开展种群、分布地调查和遗传多样性研究。

⊙ 汪继超　拍摄/海南

15 海南湍蛙

Amolops hainanensis

别　　名　石蛙

分类地位　两栖纲（Amphibia）、无尾目（Anura）、蛙科（Ranidae）、湍蛙属（*Amolops*）

识别特征　体长 68～93 mm，头长、宽几相等。吻端钝圆，上唇超出下唇，鼓膜小，具颞褶。体背面为橄榄色或绿褐色，具不规则褐色或橄榄色斑。腹面为肉红色，咽部色深。体背满布大小疣粒，体侧、颞褶、颌角处疣粒集中，肛部疣粒大而多。四肢背面疣粒纵行排列，呈肤棱状。指吸盘甚大，均有横沟，趾间全蹼。

分　　布　我国海南东方、五指山、昌江、白沙、乐东、琼中、三亚、陵水。

优先保护理由　国家二级保护野生动物、濒危（IUCN）、濒危（中国）、海南特有种。

保护建议与措施　该物种主要分布在海南热带雨林国家公园范围内，建议开展种群和分布地调查。

⊙ 肖繁荣　拍摄/海南

16 鳞皮小蟾

Parapelophryne scalpta

⊙ 王同亮　拍摄/海南

别　　名 鳞皮厚蹼蟾

分类地位 两栖纲（Amphibia）、无尾目（Anura）、蟾蜍科（Bufonidae）、小蟾属（*Parapelophryne*）

识别特征 体长 19～27 mm。体形平扁细长，吻棱、鼓膜明显，单咽下内声囊。前臂和手长不及体长一半，后肢胫跗关节前伸达眼。指（趾）腹面呈吸盘状。背、腹及体侧满布小疣粒，四肢背面具白色刺疣。肛孔上方覆盖一小片浅色三角形皮褶。背面多为棕褐色。两眼间具倒三角形斑，其后具 2 个前后排列的深棕色“∧”形宽斑，四肢各部具 1 条横纹，正背具 1 条浅色细纹。

分　　布 我国海南琼中、五指山、吊罗山、黎母山、尖峰岭、牛角岭、鹦哥岭。

优先保护理由 国家二级保护野生动物、濒危（IUCN）、濒危（中国）、海南特有种。

保护建议与措施 该物种分布区几乎均在自然保护区内，建议开展分布现状、种群数量的调查。

17 黄额闭壳龟

Cuora galbinifrons

别　　名　黄额盒龟、海南闭壳龟

分类地位　爬行纲（Reptilia）、龟鳖目（Testudines）、地龟科（Geoemydidae）、闭壳龟属（*Cuora*）

识别特征　背甲长可达 20 cm。头为橄榄色、淡黄色或金黄色，有不规则的棕黑色斑。头顶部皮肤平滑无鳞，枕部被小鳞。眼大，眼径大于吻长，眼后有 1 条金色纵纹达鼓膜。颈部背面灰黑色，腹面浅黄色。背甲高隆，中央与周缘为棕黑色，两侧为浅黄色或金黄色，不同个体背甲颜色有差异。颈盾极窄长，椎盾 5 枚，宽大于长，肋盾 4 对，缘盾 11 对，前后两侧缘略向上翻，有些个体略呈锯齿状，臀盾 1 对。腹甲黑褐色，并散布着少量浅黄色。前后缘均圆而无凹缺，四肢被覆鳞片，呈覆瓦状排列。前肢黄色，外侧有黑褐色宽纵纹，后肢背面灰褐色，腹面浅黄色。

分　　布　我国海南琼海、琼中、屯昌、保亭、乐东、白沙、东方、昌江、陵水、尖峰岭、五指山、吊罗山等中南部山区，广西；国外分布于越南、老挝。

优先保护理由　国家二级保护动物、极危（IUCN）、极危（中国）。

保护建议与措施　该物种在国内尚不能人工繁育子二代。应严格禁止非法猎捕，保护好其栖息的热带雨林，特别是竹林生境。

⊙ 肖繁荣　拍摄/海南

18 鼋

Pelochelys cantorii

别　　　名 亚洲圆鳖、癞头鼋

分 类 地 位 爬行纲（Reptilia）、龟鳖目（Testudines）、鳖科（Trionychidae）、鼋属（*Pelochelys*）

识 别 特 征 体形大，吻突短于眶径。背甲青灰色至褐色，无斑。腹甲粉白色，无斑。四肢颜色与头颈相似。腹部胼胝体不超过5块。

⊙ 华南动物物种环境损害司法鉴定中心　提供/非海南

分　　　布 我国海南昌化江、松涛水库，云南、浙江、江苏、福建、广东、广西、湖南、湖北；国外分布于印度、泰国、马来西亚、菲律宾、巴布亚新几内亚等。

优先保护理由 国家一级保护动物、极危（IUCN）、极危（中国）。

保护建议与措施 鼋濒危主要有内外两种因素。内因是鼋性成熟周期长，很多个体未能长到成年就死亡。该物种具吞咽食物和潜沙的习性，易被人类捕获。外因主要是人为捕杀、水利工程建设、过度开采河砂、水环境污染、入侵物种威胁等因素，这使得鼋在空间分布上越来越碎片化。鼋为大型淡水龟鳖类，建议保持其所在河流和水库的完整。该物种多年未在海南野外发现，建议加强野外资源调查及栖息地环境监测，加强自然保护区建设和管理，积极开展鼋栖息地修复和有效保护，深入开展人工繁育技术研究，建立人工繁育群体、进行迁地保护及增殖放流，加强公众宣传和科普教育等。

19 山瑞鳖

Palea steindachneri

别　　名 疣颈鳖

分类地位 爬行纲（Reptilia）、龟鳖目（Testudines）、鳖科（Trionychidae）、山瑞鳖属（*Palea*）

识别特征 幼体眼后有 1 枚黄白色宽斑，成体消失。颈两侧各有 1 团大疣粒，棕绿色至灰黑色，前缘具 1 排粗大疣粒，成体有若干疣粒凸起形成的纵线。腹甲粉白色，有模糊的大暗斑，外缘乌灰色。

分　　布 我国海南、云南、贵州、广东、广西、香港、台湾；国外主要分布于越南。

优先保护理由 国家二级保护动物、极危（IUCN）、濒危（中国）。

保护建议与措施 该物种体形较大，多年未在海南野外发现，建议使用先进手段摸清其种群数量并保护好其淡水栖息地的完整性。

⊙ 肖繁荣　拍摄/海南

20 海南画眉

Garrulax owstoni

别名 金画眉

分类地位 鸟纲（Aves）、雀形目（Passeriformes）、噪鹛科（Leiothrichidae）、噪鹛属（*Garrulax*）

识别特征 棕褐色的噪鹛科鸟类，有着白色的眼圈，延伸至眼后形成白色眉纹，故名“画眉”。海南画眉曾是画眉（*Garrulax canorus*）的亚种，后亚种独立，但一些分类体系仍认为是同种，相比于画眉下体颜色较浅，且偏橄榄色。

分布 我国海南。

优先保护理由 国家二级保护动物、低危（IUCN）、近危（中国）、海南特有种。

保护建议与措施 画眉因歌声婉转动听，过去常作为笼养鸟在花鸟市场出售，野外捕获、掏窝严重，被列为国家二级保护动物后情况有所好转，但仍需加强执法监督工作。

⊙ 麦笃彬 拍摄/海南

21 黄喉拟水龟

Mauremys mutica

别　　名　棺材龟、石龟

分类地位　爬行纲（Reptilia）、龟鳖目（Testudines）、地龟科（Geoemydidae）、拟水龟属（*Mauremys*）

识别特征　背甲长可达 17 cm。头顶平滑，橄榄绿色，上喙正中凹陷，鼓膜清晰，头侧有两条黄色线纹穿过眼部，喉部淡黄色。背甲扁平，棕黄绿色或棕褐色，具 3 条纵棱，中央的脊棱较明显，随着年龄增长，背甲颜色变深，两侧纵棱越来越弱。腹甲黄色，每枚盾片外侧有大黑斑。四肢较扁，外侧棕灰色，内侧黄色，前肢 5 指，后肢 4 趾，指、趾间有蹼，尾细短。

分　　布　我国海南琼中、江苏、浙江、安徽、福建、江西、湖北、广东、广西、云南、台湾；国外分布于日本、越南。

优先保护理由　国家二级保护动物、极危（IUCN）、濒危（中国）。

保护建议与措施　该物种栖息于山间溪流的中下游及其附近池塘，建议加强国家公园内外栖息地的保护。

⊙ 肖繁荣　拍摄/海南

22 平胸龟

Platysternon megacephalum

别　　名　大头扁龟、鹰嘴龟

分类地位　爬行纲（Reptilia）、龟鳖目（Testudines）、平胸龟科（Platysternidae）、平胸龟属（*Platysternon*）

识别特征　背甲长可达 20 cm。头大，呈三角形，且头背覆以大块角质硬壳，上喙钩曲呈鹰嘴状，眼大，无外耳鼓膜。背甲棕褐色，长卵形且中央平坦，前后边缘不呈齿状，腹甲呈橄榄色，较小且平，背腹甲借韧带相连，背甲与腹甲之间具 3～5 枚下缘盾。四肢灰色，具瓦状鳞片，后肢较长，除外侧的指、趾外，有锐利的长爪，指间和趾间均有半蹼。尾长，个别已超过自身背甲的长度，尾上覆以环状短鳞片。

分　　布　我国海南昌江、白沙、琼中、吊罗山、尖峰岭、霸王岭、鹦哥岭等地，云南、贵州、四川、重庆、江苏、浙江、安徽、江西、湖南、福建、广东、广西、香港；国外分布于越南、老挝、缅甸、泰国、柬埔寨。

优先保护理由　国家二级保护动物、极危（IUCN）、极危（中国）。

保护建议与措施　该物种对其栖息地的忠诚度极高，建议保护好其溪流生境。

⊙ 肖繁荣　拍摄/海南

23 海南尖喙蛇

Gonyosoma hainanense

别　　名 锥吻蛇

分类地位 爬行纲（Reptilia）、有鳞目（Squamata）、游蛇科（Colubridae）、尖喙蛇属（*Gonyosoma*）

识别特征 中等体形，无毒，全长约 1m。吻端尖出，被小鳞，翘向前上方，头颈区分明显；躯体具侧棱。通体背面深绿色，上唇鳞下缘白色，背鳞具黑色、白色边缘或散布白斑，躯干两侧蓝色或黑色。腹面浅绿色，侧棱白色，呈白色纵纹，延伸至尾末。颊鳞 1～2 枚；眶前鳞 1 枚，眶后鳞 2 枚；颞鳞 2+3 或 2+2 枚，上唇鳞 9 枚，下唇鳞 10 枚（个别一侧为 11 枚），前 5 枚（个别一侧为 4 枚）接前颔片，颔片 2 对，背鳞 19-19-15 行，腹鳞 220～227 枚，具侧棱，肛鳞 2 枚，尾下鳞 117～132 对。该物种 2021 年从尖喙蛇中独立出来，主要区别是其成体无黑眉、颊鳞 2 枚。

分　　布 我国海南万宁、三亚、尖峰岭、吊罗山、五指山、鹦哥岭、佳西等地。

优先保护理由 国家二级保护动物、低危（IUCN）、易危（中国）、海南特有种。

保护建议与措施 建议加强该物种的栖息地保护。

⊙ 汪继超　拍摄/海南

24 脆皮大头蛙

Limnonectes fragilis

别　　名 脆皮蛙、大头蛙

分类地位 两栖纲（Amphibia）、无尾目（Anura）、叉舌蛙科（Dicroglossidae）、大头蛙属（*Limnonectes*）

识别特征 体长 36～69 mm，身体肥胖，头长大于或等于头宽。皮肤光滑，没有纵肤棱。指、趾末端球状，趾间具蹼，关节下瘤、掌突及内跖突均明显。雄性头大，无声囊。活体背面棕红色，背中央有一个“W”形黑斑。上下唇缘有黑斑，两眼间及四肢背面有黑色横斑。

分　　布 我国海南琼中、五指山、陵水吊罗山、白沙、儋州、乐东尖峰岭、三亚、东方、昌江霸王岭。

优先保护理由 国家二级保护野生动物、易危（IUCN）、濒危（中国）、海南特有种。

保护建议与措施 该物种分布区内有多个自然保护区覆盖，建议开展分布现状、种群数量、状态和趋势的调查。

⊙ 王同亮　拍摄/海南

25 海南柳莺

Phylloscopus hainanus

分类地位 鸟纲（Aves）、雀形目（Passeriformes）、柳莺科（Phylloscopidae）、柳莺属（*Phylloscopus*）

识别特征 体色金黄的柳莺，与黑眉柳莺（*Phylloscopus ricketti*）、白斑尾柳莺（*Phylloscopus ogilviegranti*）近似，但外侧、倒数第2枚尾羽具大片白色，侧冠纹颜色较浅。

分布 我国海南。

优先保护理由 易危（IUCN）、易危（中国）、海南特有种。

保护建议与措施 该物种偏好山地森林生境，活跃于灌丛和树冠中上层，应保护原始森林生境，减少林木砍伐和树种改造。

⊙ 卢刚 拍摄/海南

26 小爪水獭

Aonyx cinerea

别　　　名　油獭、东方小爪水獭

分 类 地 位　哺乳纲（Mammalia）、食肉目（Carnivora）、鼬科（Mustelidae）、小爪水獭属（*Aonyx*）

识 别 特 征　头体长 400～610 mm，尾长 290～350 mm，后足长 75～95 mm，耳长 20～25 mm，体重 2～4 kg。全身咖啡色，两颊、颏部、喉部为浅黄色，毛尖白色，通体毛富有光泽，四肢和尾与体同色，腹部色较淡。头部宽圆，吻部更短，眶间较宽且短。身体长而呈圆柱形，尾长而有肌肉，覆有毛，适于游泳。足部趾间具发达的蹼，趾爪极小。

分　　　布　我国南部和西南部；国外延伸至孟加拉国、缅甸、印度、印度尼西亚、老挝、马来西亚、菲律宾、泰国、越南。

优先保护理由　国家二级保护动物、易危（IUCN）、极危（中国）。

保护建议与措施　种群数量较少。近年来，吊罗山有红外相机记录，其他保护地是否有分布，有待于针对性监测。

⊙ 汪继超　提供/海南

27 水獭

Lutra lutra

别　　名 欧亚水獭

分类地位 哺乳纲（Mammalia）、食肉目（Carnivora）、鼬科（Mustelidae）、水獭属（*Lutra*）

识别特征 颏喉部的针毛白色，绒毛尖端赤黄褐色，无界线分明的白斑。体形较小，体重约 4 kg。

分　　布 我国大部分地区；国外遍布欧亚大陆。

优先保护理由 国家二级保护动物、近危（IUCN）、濒危（中国）。

保护建议与措施 加强潜在分布地的监测。

⊙ 站酷　提供/非海南

28 花龟

Mauremys sinensis

别　　　名　中华条颈龟、中华花龟

分 类 地 位　爬行纲（Reptilia）、龟鳖目（Testudines）、地龟科（Geoemydidae）、拟水龟属（*Mauremys*）

识 别 特 征　背甲长可达 30 cm。头背面栗色，侧面及腹面色较淡。眼大，眼裂斜置。有鲜明的黄绿色细纹从吻端经眼和头侧，沿头的背、腹向颈部延伸，约 20 条，在咽部还形成黄色的圆形花纹。体较扁。背甲具 3 条纵棱，脊棱明显，背甲的每一盾片皆有同心圆纹，腹甲黄色，每一盾片均有黑斑。四肢具黄色纵纹，略呈圆柱状，前缘有横列的大鳞。尾渐尖细，亦有黄色纵纹。

分　　　布　我国海南琼中、屯昌，上海、江苏、浙江、福建、香港、广东、广西、台湾等地；国外分布于越南。

优先保护理由　国家二级保护动物、极危（IUCN）、濒危（中国）。

保护建议与措施　该物种栖息于山间溪流的中下游及其附近池塘，建议加强国家公园内外栖息地的保护。

⊙ 肖繁荣　拍摄/海南

29 平顶闭壳龟

Cuora mouhotii

别　　名　锯缘龟、锯缘闭壳龟、八角龟

分类地位　爬行纲（Reptilia）、龟鳖目（Testudines）、地龟科（Geoemydidae）、闭壳龟属（*Cuora*）

识别特征　背甲长可达 19 cm。头顶浅棕黄色，前部平滑，后部具不规则的大鳞，头背部为灰褐色至红褐色，散有蠕虫状花纹，上喙钩曲，眼较大。背甲呈棕黄色至棕红色，具 3 条纵棱；背甲中央平坦，两侧几呈直角向下，微向外斜达甲缘，背甲前缘无齿状突，后缘具 8 个明显锯齿状突，颈盾长而窄，部分个体缺失。腹甲大而平坦且呈黄色，边缘有不规则的大黑斑，前缘平切，后缘缺刻深；背腹间及胸腹间具不发达的韧带；腹甲仅前半部可活动，龟壳后缘不能全闭合。

分　　布　我国海南琼中、东方、乐东、尖峰岭、鹦哥岭等地，广东、广西、云南、福建、湖南等地；国外分布于越南、泰国、缅甸、印度等国。

优先保护理由　国家二级保护动物、濒危（IUCN）、极危（中国）。

保护建议与措施　该物种栖息于林下陆地生境，喜食大型真菌和软体动物等，建议保护好其生境的原真性和完整性。

⊙ 肖繁荣　拍摄/海南

30 大灵猫

Viverra zibetha

别　　名　九节狸、禾狸

分类地位　哺乳纲（Mammalia）、食肉目（Carnivora）、灵猫科（Viverridae）、灵猫属（*Viverra*）

识别特征　体重 5～8 kg。头较小，吻尖，躯体瘦长，尾长超过体长的一半。四肢较短，各具 5 趾。雌雄的会阴部均具有发达的芳香腺。足掌除掌垫外，均被覆绒密短毛。全身浅灰棕色的毛上杂以不甚规则的黑褐色斑纹。头部浅灰黄色，耳下及耳后至前肩具 3 条褐色横纹，中间被灰白色横纹所隔，自头后至尾基部，具 1 条极明显的黑色粗硬长毛构成的背鬣，由腰部起至尾基部具 2 条白色纵纹，各镶在背两侧。体侧至腹下黑褐色渐次减少变为灰棕色。尾部具 4～6 个黑白相间的环，白环较狭，黑环较宽。腹部灰棕色，四肢均为黑褐色。

分　　布　我国中部和南部；国外分布于缅甸、柬埔寨、印度、印度尼西亚、老挝、马来西亚西部、尼泊尔、泰国和越南。

优先保护理由　国家一级保护动物、近危（IUCN）、易危（中国）、海南特有亚种。

保护建议与措施　近年来，本岛野外难以见到大灵猫活动的痕迹，应加强潜在分布地的调查与监测。

⊙ 王同亮　拍摄/海南

31 圆鼻巨蜥

Varanus salvator

别　　名　五爪金龙

分类地位　爬行纲（Reptilia）、有鳞目（Squamata）、巨蜥科（Varanidae）、巨蜥属（*Varanus*）

识别特征　大型蜥蜴，体长 1 m 以上。头窄长，略呈三角形。鼻孔大，呈圆形或椭圆形。四肢粗壮，爪长而坚硬。

分　　布　我国海南儋州、陵水（分界洲岛）、吊罗山、五指山、鹦哥岭等地，广东、广西、云南；国外分布于斯里兰卡、印度、缅甸、越南、泰国、马来西亚、印度尼西亚、澳大利亚。

优先保护理由　国家一级保护动物、易危（IUCN）、濒危（中国）。

保护建议与措施　建议加强该物种的栖息地保护。

⊙ 王同亮　拍摄/海南

32 海南麂

Muntiacus nigripes

别　　名　海南海南麂、黑脚麂

分类地位　哺乳纲（Mammalia）、偶蹄目（Cetartiodactyla）、鹿科（Cervidae）、麂属（*Muntiacus*）

识别特征　体重 15～20 kg。脸部狭长，犬齿发达。前额至吻部毛色微黑，自眶下腺至角分叉处每侧具 1 条较宽而明显的额腺，额腺较长，最后交会在一起呈“V”形。四肢细长。体毛赤褐色，背毛颜色较深，暗褐色。雄兽具角，单叉形，角短而直向后伸展，角基长，角尖向内弯，两尖相对。雌兽无角，但其额顶与雄兽生角的相应部位微具突起，且着生特殊成束的黑毛，如同角茸。

分　　布　我国海南；国外分布于越南。

优先保护理由　国家二级保护动物、易危（中国）。

保护建议与措施　该物种主要生活于树林、草灌丛中，生性机警、胆怯。建议加强栖息地保护，减少人为干扰。

⊙ 汪继超　拍摄/海南

33 海南睑虎

Goniurosaurus hainanensis

别　　名　海南守宫、眼皮守宫

分类地位　爬行纲（Reptilia）、有鳞目（Squamata）、睑虎科（Eublepharidae）、睑虎属（*Goniurosaurus*）

识别特征　头背棕褐色，躯干及尾背均为暗紫褐色。颈前部具 1 条淡黄色色带，略呈弧形，色带两侧分别沿头侧向前延伸至下眼睑。前肢和后肢间具 2 条淡黄色色带，第 1 条位于前肢后，第 2 条位于躯干中部略靠后。尾基部具 1 条淡黄色色带。腕部具平滑较大的覆瓦状鳞；尾环在腹面相接。

分　　布　我国海南陵水、三亚、东方、琼中、万宁、黎母山、吊罗山等地。

优先保护理由　国家二级保护动物、近危（IUCN）、易危（中国）、海南特有种。

保护建议与措施　该物种常见于热带雨林国家公园公路两旁墙壁的洞穴内，建议保持两旁墙壁植被的完整。

⊙ 王同亮　拍摄/海南

34 海南原缨口鳅
Vanmanenia hainanensis

别　　　名　什尼潘醉

分 类 地 位　硬骨鱼纲（Osteichthyes）、鲤形目（Cypriniformes）、爬鳅科（Balitoridae）、原缨口鳅属（*Vanmanenia*）

识 别 特 征　背鳍3～7；臀鳍2～5；胸鳍1～15；腹鳍1～8。体延长，尾柄稍侧扁，头低平，口较小，下颌外露，口角须2对。下唇前缘表面有4个较显著的分叶状乳突。体被细小圆鳞，体棕色，腹部微黄，头部较暗，背部和体侧均有虫蚀状的斑纹。

分　　　布　我国海南万泉河、昌化江等部分水域。

优先保护理由　极小种群、海南特有种。

保护建议与措施　该物种主要分布于山涧溪流中水体流速较高的砾石生境，因此应禁止在溪流中建设水坝，禁止非法捕捞（毒鱼、电鱼和炸鱼），加强对其保护生物学研究，加大保护宣传力度。

⊙ 林树浩　拍摄/海南

35 紫林鸽

Columba punicea

分类地位 鸟纲（Aves）、鸽形目（Columbiformes）、鸠鸽科（Columbidae）、鸽属（*Columba*）

识别特征 色彩鲜艳的鸠鸽科鸟类，整体呈红褐色，头顶、枕部为灰白色。

分　　布 我国海南、西藏南部。

优先保护理由 国家二级保护动物、易危（IUCN）、濒危（中国）。

保护建议与措施 该物种为海南罕见的留鸟，可能本身种群数量较为稀少。因其偏好山地林区，故应保护林区，减少人为干扰。

⊙ 站酷　提供/非海南

36 地龟

Geoemyda spengleri

别　　名 枫叶龟、黑胸叶龟

分类地位 爬行纲（Reptilia）、龟鳖目（Testudines）、地龟科（Geoemydidae）、地龟属（*Geoemyda*）

识别特征 背甲长 6～10 cm。头部较小，浅棕色。嘴巴上喙钩曲，有些像鹰嘴。眼睛大且向外突出。头部两侧有浅黄色条纹。前、后肢散布有红色的鳞片。背部比较平滑，背甲是金黄色或橘黄色，中央有 3 条纵向的棱。背甲的前后边缘有齿状的突起，腹甲棕黑色，两侧有浅黄色斑纹，甲桥明显，背腹甲间借骨缝相连。后肢浅棕色，散布有红色或黑色斑纹，指、趾间具蹼，尾细短。

分　　布 我国海南琼中、琼海、黎母山等中南部山区，湖南、云南、广东、广西；国外分布于印度尼西亚、越南。

优先保护理由 国家二级保护动物、濒危（IUCN）、濒危（中国）。

保护建议与措施 该物种常被作为宠物在网络上非法交易，建议加大监管力度。

⊙ 肖繁荣　拍摄/海南

37 黑熊

Ursus thibetanus

别　　　名　熊、狗熊、黑瞎子

分 类 地 位　哺乳纲（Mammalia）、食肉目（Carnivora）、熊科（Ursidae）、熊属（*Ursus*）

识 别 特 征　头体长 110～177 cm，尾长 5～16 cm，体重 54～240 kg。体肥壮，四肢粗，头较宽，吻较短，鼻端裸出，眼小，耳长而显著，被有长毛，尾极短。前后足均具 5 趾，爪弯曲，前趾爪较后趾爪粗壮。前足的腕垫宽大，与掌垫相连，掌垫与趾垫间着生栗棕色毛。全身黑色，鼻和颜面部栗棕色，眉额部有稀疏的白毛，下颏白色，胸部具“V”形白斑，尖端指向后胸。幼兽毛色稍浅淡，黑色毛区缀棕褐色，下颏白色，胸部具“V”形白斑。

分　　　布　我国中部、南部、西南部和东北部；国外分布于阿富汗、印度、日本、朝鲜、老挝、尼泊尔、巴基斯坦、泰国、俄罗斯、越南。

优先保护理由　国家二级保护动物、易危（IUCN）、易危（中国）。

保护建议与措施　近年来，本岛野外难以见到黑熊的痕迹，应加强潜在分布地的调查与监测。

⊙ 海南热带野生动植物园　提供/非海南

38 小灵猫

Viverricula indica

别　　名　七间狸、麝猫、香狸、包公狸

分类地位　哺乳纲（Mammalia）、食肉目（Carnivora）、灵猫科（Viverridae）、小灵猫属（*Viverricula*）

识别特征　体重 2～3 kg。体形瘦长，耳短且圆，两耳内缘相距较近，耳后眼下颜色较深，呈棕黑色；前额较为狭窄。自耳后至两肩具 2 条黑褐色短纹。体背有棕黑色纵纹，中间 5 条较为明显，两侧条纹时断时续，逐渐变为模糊的斑纹。腹面毛棕黑色，四肢毛深棕褐色。会阴部的芳香腺不发达。尾长大于体长的一半，尾具 7～9 个黑褐色环。全身深灰棕色，体背颜色较深，毛基及绒毛为灰色，毛尖棕色。尾灰黄色，略带棕色，其间嵌有黑褐色环，末端毛灰黄色。

分　　布　我国中部、南部、西南部；国外从也门和阿富汗延伸到马来半岛和印度尼西亚，也见于东南亚许多岛屿。

优先保护理由　国家一级保护动物、低危（IUCN）、易危（中国）。

保护建议与措施　该种群数量相对较少，应加强种群数量调查与监测。

⊙ 王同亮　拍摄/海南

39 周氏睑虎

Goniurosaurus zhoui

分类地位 爬行纲（Reptilia）、有鳞目（Squamata）、睑虎科（Eublepharidae）、睑虎属（*Goniurosaurus*）

识别特征 头、躯干、四肢的背侧呈淡紫褐色。眉骨外凸。颈前部具 1 条浅灰色弧形色带，色带两侧分别沿头侧向前延伸至下眼睑；前肢和后肢间具 3 条浅灰色色带，第 1 条位于前肢后部，第 2 条位于躯干中部，第 3 条位于后肢前部。尾基部具 1 条浅灰色色带。

分布 我国海南岛中部地区。

优先保护理由 国家二级保护动物、海南特有种。

保护建议与措施 该物种具体分布范围不详，需要进一步开展研究。

⊙ 王同亮 拍摄/海南

40 中华睑虎

Goniurosaurus sinensis

别　　　名　光华睑虎（同物异名）

分 类 地 位　爬行纲（Reptilia）、有鳞目（Squamata）、睑虎科（Eublepharidae）、睑虎属（*Goniurosaurus*）

识 别 特 征　体长 9～11 cm。头略呈三角形，头长大于头宽。吻端钝圆，耳孔大，颈部明显，环鼻孔具 8 枚鳞片，鼻间鳞 1 枚，上睫鳞 50～57 枚，环体中段鳞 115～123 枚，环背部疣鳞具 11～12 枚小鳞，雄性具肛前孔 23～27 个。成体背部棕褐色，具斑驳的不规则黑褐色斑点。颈前部具 1 条浅灰色色带，略呈弧形，色带两侧分别沿头侧向前延伸至下眼睑，四肢细长，前肢和后肢间具 2 条浅灰色色带，第 1 条位于前肢后部，第 2 条位于躯干中部略靠后，尾基部具 1 条浅灰色色带，色带的前后边缘都镶有宽的深色带，色带边缘模糊。自股部至膝部具金色斑。具 6 条白色尾环，其前后缘均镶黑色边，白色尾环仅延伸至腹侧，左右不相连；尾端白色。

分　　　布　我国海南岛中西部海拔 800 m 以上的山区。

优先保护理由　国家二级保护动物、海南特有种。

保护建议与措施　该物种具体分布范围不详，需要进一步开展研究。

⊙ 王同亮　拍摄/海南

41 海南兔

Lepus hainanus

别　　名　草兔

分类地位　哺乳纲（Mammalia）、兔形目（Lagomorpha）、兔科（Leporidae）、兔属（*Lepus*）

识别特征　小体形兔类，头体长 35～40 cm，尾长 4～7 cm，体重 1.3～1.8 kg。头小而圆。体背毛较柔软，头顶和体背毛淡棕色或浅棕白色，腹毛多为乳白色。颊部毛纯白色。耳通常比后足长，向前折可见内侧棕黄色，外侧白色。四肢趾掌为乌棕色。尾上面黑色，下面纯白色。

分　　布　我国海南。

优先保护理由　国家二级保护动物、濒危（IUCN）、极危（中国）、海南特有种。

保护建议与措施　海南兔数量较为稀少，主要分布于海南岛西部、西南部和西北部的旱生性草原。建议加强海南兔栖息地的监测与保护。

⊙ 陈庆　拍摄/海南

42 仙八色鸫

Pitta nympha

分类地位 鸟纲（Aves）、雀形目（Passeriformes）、八色鸫科（Pittidae）、八色鸫属（*Pitta*）

识别特征 体色鲜艳的八色鸫，头顶棕色，两翼和腰为亮蓝色，下腹和尾下覆羽鲜红色。

分布 因迁徙、繁殖于我国东部和东南部，为国内广泛分布的鸟类。海南为其越冬地区。

优先保护理由 国家二级保护动物、易危（IUCN）、易危（中国）。

保护建议与措施 偏好海拔 1 000 m 以上林区，应保护山地林区，减少干扰。

⊙ 林昕蓉 拍摄/非海南

⊙

43 绿皇鸠

Ducula aenea

别　　名　绿南鸠、大绿鸠、大青咖追

分类地位　鸟纲（Aves）、鸽形目（Columbiformes）、鸠鸽科（Columbidae）、皇鸠属（*Ducula*）

识别特征　体形较大的鸠鸽科鸟类，头部、颈部、胸部、腹部灰色带粉色，两翼、背部、尾部为铜绿色，尾下覆羽红褐色。

分　　布　我国海南、广东、云南南部。

优先保护理由　国家二级保护动物、近危（IUCN）、濒危（中国）。

保护建议与措施　该物种偏好低海拔常绿林，在树上活动，极少下地觅食。应减少山地林区中的人为干扰，保护类似榕树等结小型树果的植物。

⊙ 卢刚　拍摄/海南

44 眼镜王蛇

Ophiophagus hannah

别　　名　过山风

分类地位　爬行纲（Reptilia）、有鳞目（Squamata）、眼镜蛇科（Elapidae）、眼镜王蛇属（*Ophiophagus*）

识别特征　大体形毒蛇，全长可达 4 m。头椭圆形，与颈区分明显，颈部平扁略扩大。头背浅棕褐色，鳞沟黑色，上唇较头背色浅淡，鳞沟色较浅淡，头腹白色无斑，颈背呈“∧”形的黄白色斑纹。躯尾背面棕褐色，部分鳞片黑色或黑褐色，构成若干横斑，尾背具明显的黑色横斑，躯干腹面前段白色无斑，后段腹面均为黑色，尾腹除环绕一周的黑色环纹外，其余尾下鳞边缘均为黑色。头背除对称排列的 9 枚大鳞片外，在顶鳞后具 1 对较头背其余鳞片大的枕鳞。

分　　布　我国海南海口、琼中、吊罗山、五指山、霸王岭、鹦哥岭等地，福建、广东、广西、贵州、湖南、江西、四川、西藏、香港、云南、浙江；国外分布于东南亚及南亚各国。

优先保护理由　国家二级保护动物、易危（IUCN）、濒危（中国）。

保护建议与措施　该物种由于长期没有被列入国家重点保护名录，种群数量急剧下降，列入后需要大力禁止非法捕捉。

⊙ 任金龙　拍摄/非海南

45 斑头大翠鸟

Alcedo hercules

分类地位 鸟纲（Aves）、佛法僧目（Coraciiformes）、翠鸟科（Alcedinidae）、翠鸟属（*Alcedo*）

识别特征 体形相比于近似种普通翠鸟（*Alcedo atthis*）更大，无橘黄色贯眼纹。

分布 我国海南、广东、广西、江西、福建、云南南部。

优先保护理由 国家二级保护动物、近危（IUCN）、易危（中国）。

保护建议与措施 该物种偏好山林中的较大溪流生境，应减少河流污染及水系改造，如建造水电站、水坝。

⊙ 张小玲 拍摄/非海南

46 绯胸鹦鹉

Psittacula alexandri

别　　　名　小绯胸鹦鹉、莺哥、鹦哥、绿鹦哥

分 类 地 位　鸟纲（Aves）、鹦形目（Psittaciformes）、鹦鹉科（Psittacidae）、鹦鹉属（*Psittacula*）

识 别 特 征　体色艳丽的鹦鹉，胸前为绯红色，故名“绯胸”。

分　　　布　我国海南、广西西部和南部、云南南部、西藏东南部。

优先保护理由　国家二级保护动物、近危（IUCN）、易危（中国）。

保护建议与措施　鹦鹉大多受盗猎影响，常作为宠物在国际贸易中流通。需要加强反盗猎，杜绝非法的宠物贸易。

⊙ 李思琪　拍摄/非海南

47 蓝背八色鸫

Pitta soror

分类地位 鸟纲（Aves）、雀形目（Passeriformes）、八色鸫科（Pittidae）、八色鸫属（*Pitta*）

识别特征 似栗头八色鸫（*Pitta oatesi*）和蓝枕八色鸫（H. *nipalensis*），但枕部偏绿色，眉纹黄褐色，腰部蓝色。

分布 我国海南、云南东南部、广西南部。

优先保护理由 国家二级保护动物、低危（IUCN）、濒危（中国）。

保护建议与措施 山地森林生境，需要保护山地林区，减少人为干扰。

⊙ 牛震 拍摄/非海南

48 乐东蟾蜍

Ingerophrynus ledongensis

别　　名 头盔蟾蜍

分类地位 两栖纲（Amphibia）、无尾目（Anura）、蟾蜍科（Bufonidae）、棱顶蟾属（*Qiongbufo*）

识别特征 体长 47～64 mm。头宽明显大于头长，吻棱明显，眼与耳后腺间具骨质隆起，两眼间骨质棱不明显，具单咽下内声囊，前臂及手长大于头体长的一半。后肢前伸贴体时胫跗关节前达肩部。头顶皮肤光滑，背部散有疣粒及小刺疣，整个腹面均密布白刺疣。两眼间具褐色三角形斑，体背及四肢背面浅棕色，背部前后具 2 个较明显的“八”字形深棕色斑纹，后者较大，整个腹面蓝灰色。

分　　布 我国海南吊罗山、尖峰岭、鹦哥岭等地，广东北部。

优先保护理由 国家二级保护动物、近危（IUCN）、濒危（中国）、中国特有种。

保护建议与措施 该物种分布区内有多个自然保护区覆盖，建议开展分布现状、种群数量、状态和趋势的调查。

⊙ 王同亮　拍摄/海南

49 海南拟髭蟾

Leptobrachium hainanense

分类地位 两栖纲（Amphibia）、无尾目（Anura）、锄足蟾科（Pelobatidae）、拟髭蟾属（*Leptobrachium*）

识别特征 雄性体长为 42～51 mm，雌性体长为 55～64 mm。头宽大于头长，吻端钝圆而不突出于下唇，吻棱明显，通常为黑褐色。眼大突出，生活时眼球上半部浅蓝色，下半部黑棕色。上颌齿发达，无犁骨齿，舌大而厚，后端游离且有缺刻。

分布 我国海南吊罗山、五指山、鹦哥岭、尖峰岭等地。

优先保护理由 易危（IUCN）、易危（中国）、海南特有种。

保护建议与措施 该物种分布区内有多个自然保护区覆盖，建议开展分布现状和种群数量调查。

⊙ 王同亮 拍摄/海南

50 椰子狸

Paradoxurus hermaphroditus

别　　名　棕榈狸、花果狸、椰子狸

分类地位　哺乳纲（Mammalia）、食肉目（Carnivora）、灵猫科（Viverridae）、椰子狸属（*Paradoxurus*）

识别特征　头体长 47～57 cm，尾长 47～56 cm，体重 1.15～3.30 kg。体形似小灵猫，吻短。全身大部分为棕黄色，体侧有黑色斑点。头部黑褐色，前额有鲜明白斑。眼上后方及眼下和耳基部有白斑。自额背至尾基部具 5 条明显的黑色纵条纹。腹面灰黄色，部分个体腹面棕色。四肢黑褐色，唯前肢外侧具少许棕黄色毛，尾长超体长，尾深棕黑色，近基端约 1/3 段呈棕黄色。

分　　布　我国南部；国外分布于不丹、缅甸、柬埔寨、印度、印度尼西亚、老挝、马来西亚、尼泊尔、新几内亚、菲律宾、新加坡、斯里兰卡、泰国、越南。

优先保护理由　国家二级保护动物、低危（IUCN）、濒危（中国）。

保护建议与措施　目前，该物种具有一定种群数量，在海南热带雨林国家公园吊罗山、霸王岭、黎母山、尖峰岭等片区均有发现。

⊙ 汪继超　供图/海南

51 豹猫

Prionailurus bengalensis

别　　名　狸猫、山狸子

分类地位　哺乳纲（Mammalia）、食肉目（Carnivora）、猫科（Felidae）、豹猫属（*Prionailurus*）

识别特征　头体长 36～66 cm，尾长 20～37 cm，体重 1.5～5.0 kg。体形似家猫，但更为纤细，腿更长，头形圆。全身背面体毛为浅棕色，布满棕褐色至淡褐色斑点，从头部至肩部具 4 条棕褐色条纹，两眼内缘向上各具 1 条白纹，耳背具淡黄色斑，胸腹部及四肢内侧白色，斑点较小，尾背具褐色斑点或半环，尾端黑色或暗灰色。

分　　布　我国（除北部和西部干旱区外）；国外分布于从阿富汗经印度次大陆延伸到东南亚、俄罗斯和朝鲜。

优先保护理由　国家二级保护动物、低危（IUCN）、易危（中国）。

保护建议与措施　近年来，红外相机监测到豹猫报道较多，不仅见于保护地，而且非保护地也常有报道。应该加强非自然保护地的调查。

⊙ 涂飞云　拍摄/海南

52 蓝须蜂虎

Nyctyornis athertoni

别名 夜蜂虎、蓝须夜蜂虎

分类地位 鸟纲（Aves）、佛法僧目（Coraciiformes）、蜂虎科（Meropidae）、夜蜂虎属（*Nyctyornis*）

识别特征 整体绿色，下喙基部有亮蓝色羽毛延伸至胸部，故名“蓝须”。

分布 我国海南、云南、广西。

优先保护理由 国家二级保护动物、低危（IUCN）、易危（中国）、海南特有亚种。

保护建议与措施 偏好森林的蜂虎，捕食蜂类、蜻蜓等飞虫，应保护山地森林，减少树木的砍伐，尤其是有蜂类筑巢或提供花粉的树木。

⊙ 牛震 拍摄/非海南

53 厚嘴绿鸠

Treron curvirostra

别名 粗嘴绿鸠

分类地位 鸟纲（Aves）、鸽形目（Columbiformes）、鸠鸽科（Columbidae）、绿鸠属（*Treron*）

识别特征 整体呈绿色的鸠鸽科鸟类，两翼栗红色，具黄色的羽缘而形成较长的翼斑。似红翅绿鸠，但眼周亮绿色，尾下覆羽红色，两翼具黄色翼斑。

分布 我国海南、香港、云南西部和南部、广西西南部。

优先保护理由 国家二级保护动物、低危（IUCN）、近危（中国）、海南特有亚种。

保护建议与措施 偏好低海拔常绿林，应减少山地林区中的人为干扰，保护类似榕树等结小型树果的植物。

⊙ 李思琪　拍摄/非海南

54 黄冠啄木鸟
Picus chlorolophus

别　　名　黄冠绿啄木鸟、海南小黄颈啄木鸟

分类地位　鸟纲（Aves）、䴕形目（Piciformes）、啄木鸟科（Picidae）、绿啄木鸟属（*Picus*）

识别特征　整体绿色，枕部有黄色羽冠。与大黄冠啄木鸟（*Chrysophlegma flavinucha*）近似，但黄冠啄木鸟有红色眉纹，腹部、两胁深色具白色横纹，翼缘无黑、褐色横斑交替。

分　　布　我国海南、云南西部和南部、江西、福建中部、广西。

优先保护理由　国家二级保护动物、低危（IUCN）、近危（中国）、海南特有亚种。

保护建议与措施　啄木鸟凿树洞为巢，也为森林中的次级洞巢鸟类提供巢址，所以需保护林区中的原生大型树木，为所有洞巢鸟类提供繁殖场所。

⊙ 张小玲　拍摄/非海南

55 鹰雕

Nisaetus nipalensis

别　　　名　熊鹰、赫氏角鹰

分 类 地 位　鸟纲（Aves）、鹰形目（Accipitriformes）、鹰科（Accipitridae）、鹰雕属（*Nisaetus*）

识 别 特 征　似大型的凤头鹰（*Accipiter trivirgatus*），但翼指 7 枚，身形粗壮，翅膀极其宽大，盘旋时翼后缘甚至延伸到尾羽基部后方。

分　　　布　我国海南、广东、广西、台湾、四川、湖北、陕西、甘肃、云南西部、西藏南部和东南部等地。

优先保护理由　国家二级保护动物、近危（IUCN）、近危（中国）。

保护建议与措施　林栖性猛禽，一方面需要高大树木作为巢址；另一方面以林栖的鸟类、小型哺乳类为食，需保护原始森林以保护其觅食和繁殖的栖息地。

⊙ 李兴宇　拍摄/非海南

56 渔雕

Icthyophaga humilis

别名 鱼雕

分类地位 鸟纲（Aves）、鹰形目（Accipitriformes）、鹰科（Accipitridae）、渔雕属（*Icthyophaga*）

识别特征 中型褐色的雕。头部、颈部灰色，身体褐色，下腹、肛周白色。

分布 我国海南。

优先保护理由 国家二级保护动物、近危（IUCN）、近危（中国）、海南特有种。

保护建议与措施 渔雕偏好有森林的河流和沼泽，捕食水中的鱼类，应减少河流污染及水系改造，如建造水电站、水坝等。

⊙ 孙家杰 拍摄/非海南

57 棕腹隼雕

Lophotriorchis kienerii

别　　名　黄腹雕、棕嘴雕

分类地位　鸟纲（Aves）、鹰形目（Accipitriformes）、鹰科（Accipitridae）、隼雕属（*Lophotriorchis*）

识别特征　外形特别而易辨识的猛禽，呈鸟头顶、脸颊黑色，喉部、胸部白色，腹部、翼下棕红色，幼鸟腹部、翼下则偏白。

分　　布　我国海南、云南和西藏；国外分布于印度、缅甸、泰国、越南、马来西亚、斯里兰卡和印度尼西亚。

优先保护理由　国家二级保护动物、近危（IUCN）、近危（中国）。

保护建议与措施　林栖性猛禽，一方面需要高大树木作为巢址；另一方面以鸟类、小型哺乳类为食，需保护原始森林以保护其觅食和繁殖的栖息地。

⊙ 关翔宇　拍摄/非海南

58 林雕

Ictinaetus malayensis

别　　名 树雕、树鹰

分类地位 鸟纲（Aves）、隼形目（Accipitriformes）、鹰科（Accipitridae）、林雕属（*Ictinaetus*）

识别特征 有着王者风范的猛禽，翼展宽大，呈梯形向两侧扩展延伸，全身黑色，黄色的喙和脚爪在黑色身影的衬托下显得格外瞩目。

分　　布 我国海南、广东、台湾、福建、浙江、江苏、陕西、西藏、青海、云南、四川、安徽、江西。

优先保护理由 国家二级保护动物、低危（IUCN）、易危（中国）。

保护建议与措施 林雕是非常具有原始森林代表性的猛禽，是原始森林的指示种，常贴着森林树冠层低飞觅食，但是海南已多年未见林雕，急需调查其在海南的分布情况。

⊙ 曲大勇、蔡挺　拍摄/海南

59 红头咬鹃

Harpactes erythrocephalus

分类地位 鸟纲（Aves）、咬鹃目（Trogoniformes）、咬鹃科（Trogonidae）、咬鹃属（*Harpactes*）

识别特征 与其他咬鹃的区别在于胸部有白色月牙形斑，雄鸟头部红色，雌鸟头部黄褐色。

分布 我国海南、云南、四川南部、湖北、江西、广东北部、广西北部、西藏东南部、福建中部和西北部。

优先保护理由 国家二级保护动物、低危（IUCN）、低危（中国）、海南特有亚种。

保护建议与措施 红头咬鹃为次级洞巢鸟，依赖于树洞营巢繁殖，需要粗壮的树木来作为巢址，所以需要保护原始森林，以及保护啄木鸟等初级洞巢鸟类。

⊙ 叶瀚阳 拍摄/非海南

60 海南新毛猬

Neohylomys hainanensis

分类地位 哺乳纲（Mammalia）、劳亚食虫目（Eulipotyphla）、猬科（Erinaceidae）、新毛猬属（*Neohylomys*）

识别特征 头体长 132～147 mm，尾长 36～43 mm，后足长 24～29 mm，耳长 17～22 mm。体重 52～70 g。吻尖长，耳大，卵圆形，耳孔呈三角形。头部毛为鼠灰色而稍带棕黄色，体背毛为鼠灰色与棕黄色相杂，背脊从顶至尾基部有 1 条黑色纵纹，前深后淡，有些至臀部即行消失。腹部毛基浅灰色，毛端乳白色，四肢内侧毛染有黄色。尾毛上面灰黑色，下面白色，尾长约等于后足长。

分布 我国海南；国外分布于越南北部。

优先保护理由 濒危（IUCN）、濒危（中国）。

保护建议与措施 该物种在海南岛栖息于热带雨林、热带次生林等地势较高的丘陵，可作为热带雨林的指示物种。加强热带雨林及热带次生林的保护，开展该物种的保护生物学研究。

⊙ 涂飞云 拍摄/海南

61 海南溪树蛙

Buergeria oxycephala

分类地位 两栖纲（Amphibia）、树蛙科（Rhacophoridaae）、溪树蛙属（*Buergeria*）

识别特征 体长 34～68 mm，体窄长，头宽与头长相近，吻端钝圆，略突出下唇，吻棱明显，吻棱其下具凹陷。眼间距大于鼻间距，鼓膜显著，背面皮肤光滑或具小疣。身体和四肢背面具肤棱。指、趾具吸盘，指、趾侧具缘膜，第四指外侧缘膜达掌部。前臂侧肤棱具白色突起疣粒，趾间全蹼，胫附关节前伸过吻端。

分布 我国海南琼中、黎母山、吊罗山、五指山、霸王岭、尖峰岭、鹦哥岭等地。

优先保护理由 易危（IUCN）、近危（中国）、海南特有种。

保护建议与措施 该物种分布区内有多个自然保护区覆盖，建议开展分布现状和种群数量调查。

⊙ 王同亮 拍摄/海南

62 小狨鼠

Hapalomys delacouri

分类地位 哺乳纲（Mammalia）、啮齿目（Rodentia）、鼠科（Muridae）、狨鼠属（*Hapalomys*）

识别特征 头体长 123～136 mm；尾长 140～160 mm；后足长 22～24 mm；耳长 14～15 mm；颅全长 32～34 mm。背毛赭棕色，毛长而柔软。腹毛纯白色，明显与背毛区分。尾略长于头体长，接近毛基处淡棕色，到毛尖转为深棕色。尾梢有短毛束，接近 6 mm 长。耳边缘明显有很长而纤细的毛，比耳郭长 2 倍多。触须长，向后折时可达肩；4 对乳头（1 对胸部、1 对腋下、2 对鼠蹊部），前足和后足短阔，拇趾完全相对，具有趾甲而不是爪。头骨的吻部短阔，脑颅宽，有突起的眶上脊，总体看来似方形。第一上臼齿和第一下臼齿各有 3 行，每行有 3 个齿尖，几乎完美地前后左右对称。

分布 我国海南、广西、云南南部；国外延伸到老挝北部和越南。

优先保护理由 易危（IUCN）、易危（中国）。

保护建议与措施 在海南仅记录分布在儋州。该物种可能局限于特定的竹林生境，呈零散分布，种群现状不清，因此有待加强小型哺乳动物的野外调查。

⊙ Alexei V. Abramov 拍摄/非海南

63 水鹿

Cervus equinus

别　　名　黑鹿、水牛鹿

分类地位　哺乳纲（Mammalia）、偶蹄目（Cetartiodactyla）、鹿科（Cervidae）、鹿属（*Cervus*）

识别特征　头体长 180～200 cm，尾长 25～28 cm，体重 50～125 kg。面部稍长，鼻吻部黑色裸露，耳朵大而直立，眼眶下腺特别发达，泪窝较大。被毛黑褐色，具黑棕色背线，颈部沿背中线具直达尾部的深棕色纵纹，成年雄性在颈部和背部具长鬃毛，腹面黄白色，臀周围锈棕色，无臀斑，尾端部密生蓬松的黑色长毛。雄鹿的角通常 3 叉，雌鹿无角。

分　　布　我国南部和西南部热带及亚热带地区；延伸到沿着喜马拉雅南部的印度东部和斯里兰卡，经过中南半岛到婆罗洲和苏门答腊，向北进入菲律宾。

优先保护理由　国家二级保护动物、易危（IUCN）、近危（中国）。

保护建议与措施　该物种对栖息地要求较为严格，一般生活在较高海拔的森林，稀树高草坡等环境。目前种群数量不清楚，应加强对其种群数量的监测。

⊙ 汪继超　拍摄/海南

64 巨松鼠

Ratufa bicolor

别　　名　树狗、黑果狸、藤狸

分类地位　哺乳纲（Mammalia）、啮齿目（Rodentia）、松鼠科（Sciuridae）、巨松鼠属（*Ratufa*）

识别特征　大体形松鼠，头体长 36～43 cm，尾长 40～51 cm，体重 1.3～2.3 kg。头小，耳具明显的毛簇，四肢短。体背面及四肢外侧、足背面和尾均为黑色，眼下自嘴侧具 1 条黑色宽斜纹，颏部通常具 2 个黑色斑点，眼眶黑色，体腹面和四肢内侧鲜黄色或橙黄色，两颊黄色，耳部及其短毛簇均为黑色，尾比体长。

分　　布　我国海南、广西南部、云南南部和西部；延伸至尼泊尔东部、印度、缅甸、泰国、老挝、柬埔寨和越南，南至马来西亚到爪哇岛和巴厘岛。

优先保护理由　国家二级保护动物、近危（IUCN）、易危（中国）。

保护建议与措施　巨松鼠是严格的树栖种类，主要栖息于热带季雨林的高大树木上，一般生活在中海拔（500～1 000 m）地区。应该加强巨松鼠栖息地保护，尤其是高大乔木树种的保护。

⊙ 汪继超　供图/海南

65 大盘尾

Dicrurus paradiseus

别　　名 大拍卷尾、长尾姑、带箭鸟

分类地位 鸟纲（Aves）、雀形目（Passeriformes）、卷尾科（Dicruridae）、卷尾属（*Dicrurus*）

识别特征 华丽的卷尾，两侧尾羽延长，末端呈球拍状。与相似种小盘尾（*Dicrurus remifer*）的区别在于内侧尾羽向内凹陷呈叉状。

分　　布 我国海南、云南西部和南部。

优先保护理由 国家二级保护动物、低危（IUCN）、易危（中国）。

保护建议与措施 典型的热带雨林鸟类，需要保护、扩大、连通原始森林，保护其栖息地。

⊙ 李思琪　拍摄/海南

66 虎纹蛙

Hoplobatrachus chinensis

分类地位 两栖纲（Amphibia）、无尾目（Anura）、叉舌蛙科（Dicroglossinae）、虎纹蛙属（*Hoplobatrachus*）

识别特征 体长 66～121 mm，体大而粗壮，颊部向外侧倾斜，鼓膜大而明显。前肢短而强壮，指端尖圆，后肢短，胫跗关节前达眼后方，趾末端尖圆，趾间全蹼。上眼睑具肤棱，沿眼睑做弧形排列，肤棱之间散有小疣粒，腹面的皮肤光滑。背面黄褐色或棕褐色略浅，背部、头侧及体侧具深色不规则的斑纹，四肢横纹明显，咽胸部有灰棕色斑。

分布 我国海南海口、琼中、东方、万宁、鹦哥岭，河南、陕西、四川、云南、贵州、湖北、安徽、江苏、浙江、江西、湖南、福建、台湾、广东、广西和香港；国外分布于柬埔寨、老挝、缅甸、泰国和越南，后引种至马来西亚。

优先保护理由 国家二级保护野生动物、低危（IUCN）、濒危（中国）。

保护建议与措施 该物种分布区几乎均在自然保护区内，建议开展分布现状、种群数量的调查。

⊙ 王力军 拍摄/海南

67 花鳗鲡

Anguilla marmorata

别　　名 大鳗、鲈鳗、花鳗、雪鳗、鳝王、芦鳗、溪鳗

分类地位 硬骨鱼纲（Osteichthyes）、鳗鲡目（Anguilliformes）、鳗鲡科（Anguillidae）、鳗鲡属（*Anguilla*）

识别特征 体延长，躯干部圆柱形，尾部侧扁，腹缘平直。背鳍、臀鳍和尾鳍相连，头背缘稍呈弧形，吻稍平扁。眼较小，上侧位，口大，前方口裂伸越眼后缘。下颌稍长于上颌。体被细鳞，呈席纹状排列，埋于皮下。侧线完全，侧线孔明显。成体体背侧密布黄绿色斑块和斑点，腹部乳白色或蓝灰色，胸部边缘黄色，背鳍和臀鳍后部边缘黑色，其余各鳍上常有许多蓝色斑点。

分　　布 我国海南分布于各通海水系。

优先保护理由 国家二级保护动物、低危（IUCN）、濒危（中国）。

保护建议与措施 该物种为降海洄游鱼类，因此必须保证入海河流洄游通道的连通性，河道中已建设的梯级水坝应加装过鱼通道。禁止非法捕捞（毒鱼、电鱼和炸鱼），加大保护宣传力度。

⊙ 蔡杏伟　拍摄/海南

68 蓝翅八色鸫

Pitta moluccensis

别　　名　五色轰鸟、印度八色鸫

分类地位　鸟纲（Aves）、雀形目（Passeriformes）、八色鸫科（Pittidae）、八色鸫属（*Pitta*）

识别特征　两翼亮蓝色并具白色翼斑。相比仙八色鸫（*Pitta nympha*），无白色眉纹，两翼蓝色面积更大，胸腹部偏黄。

分　　布　我国海南、广东、广西、台湾、云南、甘肃南部。

优先保护理由　国家二级保护动物、低危（IUCN）、近危（中国）。

保护建议与措施　偏好森林生境，应保护山地林区，减少干扰。

⊙ 曲大勇　拍摄/海南

69 林雕鸮

Bubo nipalensis

分类地位 鸟纲（Aves）、鸮形目（Strigiformes）、鸱鸮科（Strigidae）、雕鸮属（*Bubo*）

识别特征 具长而粗的耳羽簇，胸腹部有心状花纹。

分布 我国海南、广西、贵州、四川、云南东南部。

优先保护理由 国家二级保护动物、低危（IUCN）、近危（中国）。

保护建议与措施 依赖连续的热带低地、山地雨林生存，在退化的森林生境难以生存，同时受到盗猎威胁，需要加强森林保护，减少盗猎。

⊙ 赵贵军 拍摄/非海南

70 斑鳠

Hemibagrus guttatus

别　　名　鲥鱼、芝麻剑、白须鲥、斑点半鲿

分类地位　硬骨鱼纲（Osteichthyes）、鲇形目（Siluriformes）、鲿科（Bagridae）、鳠属（*Hemibagrus*）

识别特征　体延长，后部侧扁。头平扁，吻宽而圆钝。口宽大，下位，弧形。上、下颌齿带弧形。须 4 对，上颌须末端远超胸鳍或达腹鳍基。胸鳍刺扁长，前缘锯齿细弱，后缘锯齿粗大。脂鳍高，后缘游离，圆形，但不与尾鳍相连。尾鳍分叉，上叶略长。体呈棕色，腹部黄色，体侧具大小不等、排列不规则的圆形蓝色斑点（幼鱼无斑）。背鳍、脂鳍及尾鳍灰黑色，有褐色小斑点，胸鳍、腹鳍及臀鳍色淡，很少有斑点。

分　　布　我国海南昌化江、南渡江等水系，钱塘江、九龙江、韩江、珠江、元江等水系；国外分布于南亚地区的湄公河流域及马来西亚、印度尼西亚的内陆河流。

优先保护理由　国家二级保护动物。

保护建议与措施　禁止非法捕捞（毒鱼、电鱼和炸鱼），加强对其保护生物学研究，加大保护宣传力度。

⊙ 申志新　拍摄/海南

71 海南鼯鼠

Petaurista hainana

别名 飞狸、巨鼯鼠

分类地位 哺乳纲（Mammalia）、啮齿目（Rodentia）、鼯鼠科（Petauristidae）、鼯鼠属（*Petaurista*）

识别特征 体侧飞膜发达，使前后肢相连。前肢 4 趾，后肢 5 趾。尾比身长，呈圆形。乳头 3 对，胸部 1 对，腹部 2 对。背毛基部棕黑色，毛尖棕色或黑色交替，背面呈棕黑颜色。腹部毛尖乳白色，毛基灰色。头部背面全被黑毛，耳壳前缘白色，后缘黑色。颏中部毛黑色。尾部除尾基背面与体背颜色相同外，其余部分全为黑色。幼体背毛以棕黄色为主。

分布 我国海南。

优先保护理由 海南特有种。

保护建议与措施 主要栖息于原始森林，热带雨林的山坑沟谷地带的高山上，那里枯树古木多，适于栖居。加强该物种的调查与监测。

⊙ 涂飞云 拍摄/海南

72 细刺水蛙

Hylarana spinulosa

分类地位 两栖纲（Amphibia）、无尾目（Anura）、蛙科（Ranidae）、水蛙属（*Hylarana*）

识别特征 体长 38～56 mm。头长略大于头宽，鼓膜与上眼睑几等宽。背侧褶宽厚，背部及背侧褶下方和后肢背面布满小白刺粒。体背面浅灰黄色，疣粒部位有褐色斑点，四肢具横纹，背面褐黑色，腹面浅黄白色。

分布 我国海南琼中、黎母山、五指山、吊罗山、尖峰岭、霸王岭、鹦哥岭、佳西等地。

优先保护理由 易危（IUCN）；近危（中国）、海南特有种。

保护建议与措施 该物种分布区几乎均在自然保护区内，建议开展分布现状、种群数量的调查。

⊙ 肖繁荣 拍摄/海南

73 海南墨头鱼

Garra hainanensis

别名 墨头鱼、什诺

分类地位 硬骨鱼纲（Osteichthyes）、鲤形目（Cypriniformes）、鲤科（Cyprinidae）、墨头鱼属（*Garra*）

识别特征 背鳍 4～9，臀鳍 3～5，胸鳍 1～16，腹鳍 1～8，背鳍前鳞 12～14 枚。体延长，口大，吻圆钝，背面无凹陷，不形成吻突。下唇特化成 1 个椭圆形的大吸盘，无须，鳞中等大。体深黑褐色，腹部色较浅，各鳍灰黑色。

分布 我国海南昌化江等水系。

优先保护理由 极小种群、海南特有种。

保护建议与措施 该鱼类主要分布于山涧溪流中，因此加大力度保护溪流两岸植被的涵水功能，防止溪流干枯，禁止非法捕捞（毒鱼、电鱼和炸鱼），加强对其保护生物学研究，加大保护宣传力度。

⊙ 申志新 拍摄/海南

74 黄喉貂

Martes flavigula

别　　名　黄猺狸、两头乌、蜜狗、海南青鼬

分类地位　哺乳纲（Mammalia）、食肉目（Carnivora）、鼬科（Mustelidae）、貂属（*Martes*）

识别特征　体形较小，体长 45～56 cm。头较尖细，鼻端裸露，鼻垫发达，耳小而圆。四肢较短，具 5 趾，爪弯曲锐利。尾长超过体长一半。额、头顶和两颊为褐色，后头至颈背混杂橙黄色毛尖的毛，头部黑斑消失，形成 2 条黑色的耳后纹。颏部白色，颈侧及喉部甚至胸部为橙黄色，界线分明。背毛赤黄色，向后至臀部颜色变暗，背脊稍杂黑色，自腰椎脊部以后形成较明显的黑色脊线。腹毛比背毛颜色浅，两区无明显分界。四肢足部及尾均为暗褐色。

分　　布　我国西南部和东部，延伸至印度、印度尼西亚、韩国、朝鲜、巴基斯坦、俄罗斯东部、越南。

优先保护理由　国家二级保护动物、低危（IUCN）、易危（中国）。

保护建议与措施　目前，该物种种群及分布不清，应该加强野外调查与监测。

⊙ Beach Bassman 拍摄/非海南

75 斑尾鹃鸠

Macropygia unchall

别　　名　花斑咖追

分类地位　鸟纲（Aves）、鸽形目（Columbiformes）、鸠鸽科（Columbidae）、鹃鸠属（*Macropygia*）

识别特征　背部、尾部有黑、褐色横斑密布，尾羽较长。雄鸟颈部泛蓝绿色光泽，雌鸟无。

分　　布　我国海南、广东、广西、香港、江西、福建、浙江、上海、河南。

优先保护理由　国家二级保护动物、低危（IUCN）、近危（中国）。

保护建议与措施　减少伐木与盗猎、扩大森林连通性。

⊙ 焦庆利　拍摄/海南

76 橙胸绿鸠

Treron bicinctus

别　　名 赤胸绿鸠、橙胸鸠

分类地位 鸟纲（Aves）、鸽形目（Columbiformes）、鸠鸽科（Columbidae）、绿鸠属（*Treron*）

识别特征 相比其他绿鸠，橙胸绿鸠翅膀绿色，有黄色翼斑，翼尖黑色。雄鸟胸部橙色，雌鸟绿色。

分　　布 我国海南、台湾。

优先保护理由 国家二级保护动物、低危（IUCN）、近危（中国）。

保护建议与措施 减少伐木与盗猎，扩大森林连通性。

⊙ 李思琪　拍摄/非海南

77 山皇鸠

Ducula badia

别名 粟背皇鸠、灰头南鸠

分类地位 鸟纲（Aves）、鸽形目（Columbiformes）、鸠鸽科（Columbidae）、皇鸠属（*Ducula*）

识别特征 大型鸠鸽，整体灰色，颈部玫红色，背部、两翼覆羽酒红色，翼尖深色。

分布 我国海南、广西南部、云南西部和南部。

优先保护理由 国家二级保护动物、低危（IUCN）、近危（中国）。

保护建议与措施 减少伐木与盗猎，扩大森林连通性。

⊙ 朱永亨 拍摄/非海南

78 彩蝠

Kerivoula picta

分类地位 哺乳纲（Mammalia）、翼手目（Chiroptera）、蝙蝠科（Vespertilionidae）、彩蝠属（*Kerivolua*）

识别特征 头体长 40～48 mm；尾长 43～48 mm；后足长 4～8 mm；耳长 13～16 mm；前臂长 31～38 mm；颅全长 15 mm。体形中等，覆毛细长而柔软，鲜艳的毛色独一无二。体色橙黄色，翼膜也为橙色，但指间膜为褐黑色。

分布 我国南部；延伸横跨亚洲南部。

优先保护理由 近危（IUCN）、濒危（中国）。

保护建议与措施 数量非常稀少，在茶树林、香蕉林、荔枝园及房屋附近飞行觅食。近年有人在海口和三亚香蕉园的嫩中捕捉到该种蝙蝠，因此要加强对该物种的调查与监测。

⊙ 站酷 提供/非海南

79 白鹇

Lophura nycthemera

别　　名　银鸡、银雉、越鸟、越禽、白雉

分类地位　鸟纲（Aves）、鸡形目（Galliformes）、雉科（Phasianidae）、鹇属（*Lophura*）

识别特征　雄鸟易于辨识，体羽有黑白相间的花纹。海南特有亚种的雌鸟胸部也有黑白色花纹，区别于其他亚种。

分　　布　我国海南、广东、广西、云南、四川、贵州、湖北、江西、浙江、江苏南部、福建西北部。

优先保护理由　国家二级保护动物、低危（IUCN）、低危（中国）、海南特有亚种。

保护建议与措施　偏好山地常绿林，应保护、修复其原始森林生境，减少森林砍伐和树种改造，减少盗猎。

⊙ 海南热带雨林国家公园鹦哥岭分局　提供/海南

80 黄胸绿鹊

Cissa hypoleuca

别　　名 东方绿鹊、印支绿鹊

分类地位 鸟纲（Aves）、雀形目（Passeriformes）、鸦科（Corvidae）、绿鹊属（*Cissa*）

识别特征 相比近似种蓝绿鹊（*Cissa chinensis*），黄胸绿鹊胸部黄色，三级飞羽末端无黑白相间斑纹。

分　　布 我国海南、四川东南部、广西东北部。

优先保护理由 国家二级保护动物、低危（IUCN）、近危（中国）。

保护建议与措施 黄胸绿鹊偏好于森林较低层捕食昆虫，应保护并维持森林的垂直结构。

◎ 李思琪　拍摄/非海南

王力军　拍摄/海南

81 褐林鸮

Strix leptogrammica

别　　名　棕林鸮

分类地位　鸟纲（Aves）、鸮形目（Strigiformes）、鸱鸮科（Strigidae）、林鸮属（*Strix*）

识别特征　无耳羽簇，具棕色“眼镜”和白色眉纹，下体皮黄色具深褐色细横纹。

分　　布　我国海南、台湾、陕西、云南、四川、重庆、贵州、湖北、湖南、安徽、江西、江苏、上海、浙江、福建、广东、香港、广西、西藏南部和东南部。

优先保护理由　国家二级保护动物、低危（IUCN）、近危（中国）。

保护建议与措施　鸮形目鸟类在民间常作为头痛的偏方而遭到偷猎，应加强巡护，打击盗猎，减少人为干扰。

⊙ 张小玲　拍摄/非海南

82 鹰鸮

Ninox scutulata

分类地位 鸟纲（Aves）、鸮形目（Strigiformes）、鸱鸮科（Strigidae）、鹰鸮属（*Ninox*）

识别特征 与近似种北鹰鸮（*Ninox japonica*）相比，眼睛占头部比例更小，胸部花纹更接近斑块状或心形而非条状。

分　　布 我国海南、广东、广西、香港、河南南部、陕西、四川、重庆、湖北、湖南、安徽、江西、江苏、西藏东南部、云南西部和南部。

优先保护理由 国家二级保护动物、低危（IUCN）、近危（中国）。

保护建议与措施 鸮形目鸟类在民间常作为头痛的偏方而遭到偷猎，应加强巡护，打击盗猎，减少人为干扰。

⊙ 酷站 提供/非海南

83 仓鸮

Tyto alba

别　　名　猴面鹰、猴头鹰

分类地位　鸟纲（Aves）、鸮形目（Strigiformes）、草鸮科（Tytonidae）、草鸮属（*Tyto*）

识别特征　面盘似苹果剖面。相比近似种草鸮（*Tyto longimembris*）面盘、胸部的颜色更淡。

分　　布　我国海南、云南南部和中部、贵州、广西。

优先保护理由　国家二级保护动物、低危（IUCN）、近危（中国）。

保护建议与措施　鸮形目鸟类在民间常作为头痛的偏方而遭到偷猎，应加强巡护，打击盗猎，减少人为干扰。

⊙ 黄秦　拍摄/海南

84 栗鸮

Phodilus badius

分类地位 鸟纲（Aves）、鸮形目（Strigiformes）、草鸮科（Tytonidae）、栗鸮属（*Phodilus*）

识别特征 整体红褐色，似仓鸮（*Tyto alba*）但面盘相比颈部更大。

分布 我国海南、广西、云南南部。

优先保护理由 国家二级保护动物、低危（IUCN）、近危（中国）。

保护建议与措施 鸮形目鸟类在民间常作为头痛的偏方而遭到偷猎，应加强巡护，打击盗猎，减少人为干扰。

⊙ 陈正平 拍摄/海南

85 褐冠鹃隼

Aviceda jerdoni

分类地位	鸟纲（Aves）、隼形目（Accipitriformes）、鹰科（Accipitridae）、鹃隼属（*Aviceda*）
识别特征	羽冠较长，胸部具白色、褐色宽横纹。飞行时两翼长而宽。
分布	我国海南、广西西南部、湖北、贵州、重庆、云南西南部。
优先保护理由	国家二级保护动物、低危（IUCN）、近危（中国）。
保护建议与措施	褐冠鹃隼迁徙时常遭受盗猎威胁，应加强巡护，增强执法监督力度。

⊙ 李思琪　拍摄/非海南　　林嗣淡　拍摄/非海南

86 五指山小麝鼩

Crocidura wuchihensis

别　　名 海南小麝鼩

分类地位 哺乳纲(Mammalia)、劳亚食虫目(Eulipotyphla)、鼩鼱科(Soricidae)、麝鼩属（*Crocidura*）

识别特征 体形最小的麝鼩。头体长55～65 mm，尾长35～42 mm，后足长10～13 mm，耳长6～9 mm。体重3.5～6 g。口须长，往后超出耳基部甚远。背毛暗灰棕色，个别毛基部石板灰色，但接近末端浅棕色，有时尖端银灰色，腹毛更显灰色，四足背面浅白色，侧面明显有棕色，尾棕色，沿半截处有长针毛。

分　　布 我国海南五指山、鹦哥岭、吊罗山等地。

优先保护理由 数据缺乏（IUCN）、近危（中国）、海南特有种。

保护建议与措施 模式标本采自五指山。主要分布在海南中部山区林缘地带。建议加强该物种的调查与监测。

⊙ 涂飞云　拍摄/海南

87 猕猴
Macaca mulatta

别名 猢狲、黄猴、恒河猴、广西猴

分类地位 哺乳纲（Mammalia）、灵长目（Primates）、猴科（Cercopithecidae）、猕猴属（*Macaca*）

识别特征 中等体形，头体长 43～60 cm，尾长 15～32 cm，体重 5～10 kg。颜面瘦削，裸露无毛，轮廓分明。头顶棕色，无漩毛。额略突，眉骨高，眼窝深，具颊囊。鼻骨短，左右密连，稍呈三角形。面部、耳多为肉色。门齿中间 1 对较大，外侧 1 对较小。犬齿较尖长，与门齿隔一间隙。前臼齿较小，臼齿大。体背毛上半部棕褐色，腰部以下至尾基部及下肢内侧棕红色，毛基部灰色，腹面淡灰色，尾后半段颜色深暗，呈黑褐色。臀胝发达，呈红色。尾较长，约为体长的 2/5。

分布 我国海南吊罗山、鹦哥岭、尖峰岭、五指山、霸王岭、铜鼓岭、猕猴岭以及南湾半岛等地，从青藏高原东部山地到东海岸、最北到北京东部，引入香港；国外延伸到中南半岛北部、泰国北部、印度北部和阿富汗。

优先保护理由 国家二级保护动物、低危（IUCN）、濒危（中国）。

保护建议与措施 目前，该物种种群数量较多，建议加强栖息地保护。

⊙ 王力军 拍摄/海南

88 蛇雕

Spilornis cheela

别名 蛇鹰、白腹蛇雕

分类地位 鸟纲（Aves）、鹰形目（Accipitriformes）、鹰科（Accipitridae）、蛇雕属（*Spilornis*）

识别特征 眼先黄色。成鸟飞行时飞羽中部白色横纹连接形成明显的白色翼带，腹部、两胁、臀部有白色斑点，未成年鸟体色较褐且多白色。喜空中鸣叫。

分布 我国海南、广东、广西、台湾、西藏东南部、云南西南部、四川、贵州、安徽、江苏、北京、辽宁等地。

优先保护理由 国家二级保护动物、低危（IUCN）、近危（中国）、海南特有亚种。

保护建议与措施 需大型树木作为巢址，以蛇类为食，需保护原始森林，减少砍伐，同时保护蛇类。

⊙ 曲大勇 拍摄/海南

林嗣淡 拍摄/非海南

89 红原鸡

Gallus gallus

别　　名 原鸡

分类地位 鸟纲（Aves）、鸡形目（Galliformes）、雉科（Phasianidae）、原鸡属（*Gallus*）

识别特征 雄鸟肉冠、肉垂及脸部均为红色。上背栗色，尾羽、翼上覆羽为泛金属光泽的墨绿色。雌鸟体羽黄褐色，枕和颈部具黑色细纹。

分　　布 我国海南、云南西部和南部、广东、广西西南部。

优先保护理由 国家二级保护动物、低危（IUCN）、近危（中国）。

保护建议与措施 与家养鸡存在杂交的可能，需要确定两者是否有基因渗透，保留遗传种质资源。

⊙ 罗理想　拍摄/海南

90 蟒蛇

Python bivittatus

别　　名　蟒、蚺蛇

分类地位　爬行纲（Reptilia）、有鳞目（Squamata）、蟒科（Pythonidae）、蟒属（*Python*）

识别特征　大体形无毒蛇，全长 3～5 m。头小，吻端较平扁，吻鳞宽大于高。头颈部背面具 1 个暗棕色矛形斑，头侧具 1 条始于鼻孔，经眼前鳞、眼斜向口角的黑色纵斑。眼下具 1 条黑纹向后斜向唇缘，下唇鳞略具黑褐色斑。鼻孔位于鼻鳞两侧，鼻间鳞长度不到宽度的 1.5 倍，其后具 1 对较大前额鳞，额鳞成对。眼中等大小，瞳孔直立，呈椭圆形。头顶、颞部均具较小鳞片。第 1、2 上唇鳞具唇窝。体鳞光滑无棱，肛鳞完整。泄殖肛孔两侧具爪状后肢残迹。头部腹面黄白色，体背棕褐色、灰褐色或黄色，体背及两侧均具大块镶黑边的云豹状斑纹，体腹黄白色。

分　　布　我国海南霸王岭、吊罗山、五指山、鹦哥岭等山区，福建、广东、广西、贵州、云南、西藏东南部、香港、澳门；国外分布于东南亚各国。

优先保护理由　国家二级保护动物、易危（IUCN）、极危（中国）。

保护建议与措施　该物种曾经被食用和获取蛇皮，因遭到大量猎杀，在海南很少见，需要大力加强保护力度。

⊙ 涂飞云　拍摄/海南

第二部分

海南热带雨林国家公园
优先保护植物

根据资料记载，海南热带雨林国家公园共统计有野生维管植物 3 653 种，隶属 210 科 1 159 属，占全省植物种类总数的 77.91%，占全国的 11.7%；其中蕨类植物 32 科 122 属 522 种；裸子植物 6 科 10 属 26 种；被子植物 172 科 1 027 属 3 105 种，在 3 653 种野生植物中，特有植物 846 种（海南特有 419，中国特有 427），特有植物占本地野生维管植物种数的 23.16%。

坡垒和降香是海南热带雨林国家公园的旗舰植物，是海南热带雨林保护的指示性和代表性物种。陆均松、海南五针松、鸡毛松等在系统发育上孑遗的裸子植物是构成海南热带山地雨林的关键种和建群种，对研究海南热带雨林的起源及其区系特征具有重要意义。兰科植物是近年来中国生物多样性保护和开发利用的热点类群，受到了广泛关注，大量的药用和观赏用兰科植物遭到了毁灭性的人为采挖。蕨类植物不仅是自然历史的孑遗植物，同时也是近年来国内外园林花卉市场的新宠，并且众多蕨类植物也是传统的名贵药材。

海南植物受威胁的因素，过去主要是大规模的生境破坏、森林片段化、人为采挖及部分自然因素。首先，大规模的开荒种地，桉树林、相思林、橡胶林、槟榔林等经济林的大规模种植造成次生林的破坏和片段化，这些生境的破坏和土地利用格局的改变对植物多样性造成毁灭性的丧失；其次，部分具有重要经济价值的植物资源如降香、坡垒、裸子植物等材用植物，石斛属等兰科药用和观赏植物等被大量盗采，让众多珍稀植物资源的数量急剧减少。

近年来，随着国家对自然保护区建设的重视，并整合各地片段化的保护区建立统一的海南热带雨林国家公园，次生林得到了严格保护；同时随着颁布《国家重点保护野生植物名录》并加强执法力度，大规模的盗采盗伐已成为过去。当前，海南热带雨林国家公园的植物多样性面临的主导威胁因素将出现重大转变：即生物多样性的威胁由人为原因开始转为自然原因。当前及未来百年内，海南热带雨林国家公园植物多样性面临的威胁主要包括：①在自然历史原因方面，由于极端气候变化和潜在的全球变暖，将可能对海南热带雨林国家公园分布的孑遗植物和分布区边缘植物造成毁灭性的破坏；海南分布的大量以陆均松、鸡毛松、翠柏、海南油杉、伯乐树、泥炭藓等温带性或高山起源的山地雨林植物极易受到全球极端气候变化的影响而造成大规模的毁灭；同样，以坡垒、青皮等龙脑香科植物，海南白桫椤、南洋桫椤等桫椤科植物等以热带亚洲起源的典型热带性植物也极易受到极端气候波动造成大规模的死亡。②由于人们对植物多样性科学认识的缺乏，致使自然保护无差别的管理，将对部分隐性的生物多样性造成严重破坏。近年来随着科学研究的深入，大量隐藏的生物多样性逐渐被挖掘而进入公众视野，而此前这些隐藏的生物多样性或珍稀物种仅被当作普通的常见物种对待，如鹦哥岭飞瀑草即为重要的例子。③由于人们对植物物种繁育栽培知识的缺乏与日益增加的对植物资源开发利用需求矛盾之间衍生出来的威胁因素，从而导致人们对一些珍稀濒危物种的拯救束手无策，而小规模的资源植物人为采挖仍将继续存在，如随着人口老龄化和老年痴呆症的增加，人们继续获取石杉科植物资源中的石杉碱甲资源，但目前石杉属植物仍然不能繁殖、不能栽培；而兰科植物也是具有较高的繁殖瓶颈，普通条件不能繁殖栽培，也只能继续盗采野生资源。

如何开展植物多样性的优先保护行动，成为海南热带雨林国家公园自然保护面临的首要课题。拯救极度濒危且面临严峻灭绝风险的物种是自然保护行动的优先选择，也是开展海南物种优先保护行动的初衷；具有海南热带雨林国家公园标志性的物种同样是自然保护行动的重要考量。由于海南热带雨林在中国的独特地位和生态服务价值，众多具有海南热带雨林地理标志性的物种是社会关注的热点；同时，在科学研究、资源开发应用方面具有重要价值的物种也是优先保护行动亟须关注的。综合考虑以上因素，在优先保护物种名录的遴选中，大量国家重点保护野生植物、海南省重点保护野生植物及海南特有植物或以海南为中心分布区的中国植物成为优先保护植物的首选。

对优先保护植物的遴选，评估组邀请植物领域专家召开了在线专家咨询会议，确定了海南热带雨林国家公园优先保护植物物种名录优先保护评价指标体系。首先以国家重点保护植物、海南特有植物、海南分布中心植物及其他濒危植物等为基础，初步筛选了海南热带雨林国家公园内分布的 150 种植物进行打分评估（百分制）。该评价指标体系综合考虑生态价值、研究价值、利用价值、威胁程度和独特性 5 个指标。

总评得分 = 生态价值评分（满分 20 分）+ 研究价值评分（满分 20 分）+ 利用价值评分（满分 20 分）+ 威胁程度评分（满分 20 分）+ 独特性评分（满分 20 分）

海南热带雨林国家公园植物优先保护物种名录（按得分排序），包括：2 种苔藓、17 种蕨类、11 种裸子植物、74 种被子植物（其中 16 种兰科植物，3 种龙脑香科植物）。

1 坡垒

Hopea hainanensis Merr.& Chun

分类地位 锦葵目（Malvales）、龙脑香科（Dipterocarpaceae）、坡垒属（*Hopea*）

识别特征 常绿乔木，高达 20 m。树皮灰白色或褐色，具白色皮孔，具白色芳香树脂。叶近革质，长圆形至长圆状卵形，先端微尖，基部圆形，边全缘，叶柄粗壮，长 2 cm。圆锥花序密被星状毛，花偏生于花序分枝一侧，小苞片早落，花萼裂片 5 枚，外面 2 枚全部被毛，果期增大，花瓣 5 枚，旋转排列，先端具不规则的齿缺，雄蕊 15 枚，两轮排列。果实卵圆形，外被蜡质，具种子 1 枚，2 枚花萼裂片增大为翅状。花期 6—7 月，果期 11—12 月。

分布 我国海南三亚、乐东、昌江、白沙、五指山、万宁、琼中；国外分布于越南。生于海拔 700 m 左右的密林中，喜潮湿沟谷。

优先保护理由 热带雨林指示物种。我国珍贵用材树种，木材经久耐用，被称作“木中钢铁”，其芳香树脂为制漆工业主要原料，具有重要的科研和经济价值，因为过度砍伐导致自然种群过小而濒危，为我国一级重点保护植物。

保护建议与措施 以就地保护为主，禁止乱砍滥伐，加强科学研究。

⊙ 袁浪兴 拍摄/海南

2 降香

Dalbergia odorifera T. Chen

别　　　名　降香黄檀、黄花梨、花梨木、花梨母

分 类 地 位　豆目（Fabales）、豆科（Fabaceae）、黄檀属（*Dalbergia*）

识 别 特 征　常绿乔木，高 10～15 m。全株几乎无毛。树皮褐色，有纵裂槽纹。小枝有小而密集皮孔。羽状复叶，小叶 4～6 对，近革质，卵形或椭圆形，复叶顶端的 1 枚小叶最大，往下渐小。圆锥花序腋生，呈伞房花序状，总花梗长 3～5 cm，花仅米粒大小，花冠乳白色，各瓣近等长。荚果舌状长圆形，长 4.5～8 cm，宽 1.5～1.8 cm，果瓣革质，有种子 1～2 粒，有种子的部分明显凸起，状如棋子，厚可达 5 mm。

分　　　布　海南特有种，分布在海南中部和南部。模式标本采自海南东方市，生于海拔 100～500 m 的开阔林带、山坡和荒地等。

优先保护理由　为优良用材和药用植物，因过度开发利用导致濒危，被列入国家二级重点保护植物。

保护建议与措施　禁止乱砍滥伐，严厉打击破坏、采挖移植等违法犯罪行为。通过与古树名木保护相结合的方法，对符合古树名木保护条件的现存植株按照古树名木的标准进行保护。加强科学研究，探讨多种繁殖方法，适合时可在原生地进行人工种群野化回归。

⊙ 郑希龙　拍摄/海南

3 海南油杉

Keteleeria hainanensis Chun & Tsiang

分类地位 松目（Pinales）、松科（Pinaceae）、油杉属（*Keteleeria*）

识别特征 常绿乔木，高达 30 m。树皮粗糙，不规则纵裂，叶基部扭转成不规则两列，条状披针形或近条形，扁平，螺旋状着生，先端钝，上面沿中脉两侧各有 4～8 条气孔线，下面色较浅，有 2 条气孔带，无白粉。叶柄短，常扭转，柄端微膨大呈盘状，叶内有 1～2 个维管束，树脂道边生，形较大。雌雄同株，球花单性，雄球花 5～8 个簇生，雌球花诞生侧枝顶端，直立。球果当年成熟，直立，圆柱形，长 14～18 cm，熟时种鳞张开，苞鳞长约为种鳞的一半，不外露，种子近三角状椭圆形，上端具宽大厚膜质种翅，种翅与种鳞等长。

分布 我国海南昌江霸王岭，为模式标本产地，生于海拔 900～1 250 m 山地雨林。

优先保护理由 我国海南特有种，木材优良，对区系研究有重要意义，因人为砍伐利用，生境破坏，林地缩减。为国家二级重点保护植物。

保护建议与措施 就地保护为主，禁止乱砍滥伐。

⊙ 袁浪兴 拍摄/海南

4 海南鹤顶兰

Phaius hainanensis C. Z. Tang & S. J. Cheng

分类地位 天门冬目（Asparagales）、兰科（Orchidaceae）、鹤顶兰属（*Phaius*）

识别特征 地生草本，高 50～80 cm。假鳞茎卵状圆锥形，长 5～9 cm。叶数枚互生于茎的上部，长圆状卵形，长 25～70 cm，宽 6～12 cm，基部收狭为长 6～17 cm 的柄；叶柄基部扩大为鞘，被褐色鳞片状毛。花葶从假鳞茎基部发生，扁圆柱形，长约 40 cm，疏被黑褐色鳞片状毛，总状花序具 10 余朵花，花大，象牙白色，张开，花苞片卵形，中萼片卵状披针形，侧萼片披针形，花瓣倒卵状披针形，长 4 cm，宽 1.2 cm，先端渐尖并呈钩状，唇瓣贴生于蕊柱的基部至基部上方，3 裂，侧裂片半圆形，围抱蕊柱，中裂片半椭圆形，唇盘柠檬黄色，具 3 条褶片，距淡黄色稍带柠檬黄色，末端不等长 2 裂。花期 5 月。

分布 我国海南（琼中），生于海拔 110 m 的山谷石缝中。

优先保护理由 海南特有种，具有较高的园艺价值，极小种群、国家二级重点保护植物，被列入《濒危野生动植物种国际贸易公约》（以下简称 CITES 公约）附录Ⅱ。

保护建议与措施 禁止采挖，通过人工繁育，满足社会需求，通过野外回归、野生抚育等方式，扩大种群规模。

⊙ 袁浪兴 拍摄/海南

5 卷萼兜兰

Paphiopedilum appletonianum (Gower) Rolfe

分类地位 天门冬目（Asparagales）、兰科（Orchidaceae）、兜兰属（*Paphiopedilum*）

识别特征 多年生地生草本。叶基生，2 列，4～8 枚，叶片狭椭圆形，长 22～25 cm，宽 2～4 cm，先端急尖并有 2～3 枚小齿，上面有深浅绿色相间的网格斑，背面淡绿色并在基部有紫晕，基部收狭而呈叶柄状并对折而互相套叠。花葶直立，长 17～25 cm，紫褐色，顶生 1 朵花，花苞片 2 枚，大的宽卵形，小的线形，花直径 8～9 cm，中萼片宽卵形，绿白色并有绿色脉，基部有紫晕，合萼片亦为绿白色并具深色脉，花瓣近匙形，下半部有暗褐色与灰白色相间的条纹及黑色斑点，上半部淡紫红色，唇瓣倒盔状，末端淡黄绿色至灰色，其余淡紫红色并有绿色的囊口边缘，囊口极宽阔，两侧各具 1 个直立的耳，退化雄蕊绿色。花期 1—5 月。

分布 我国海南（东方、陵水、定安）、广西南部；国外分布于越南、老挝、柬埔寨、泰国。生于林下阴湿、腐殖质多的土壤上或岩石上。

优先保护理由 科学及文化意义大，具有园艺观赏价值。国家一级重点保护植物，列入 CITES 公约附录 I 。

保护建议与措施 禁止采挖，通过人工扩繁，以用于观赏等用途。

⊙ 陈利君 拍摄/深圳

6 石碌含笑

Michelia shiluensis Chun & Y. F. Wu

分类地位 木兰目（Magnoliales）、木兰科（Magnoliaceae）、含笑属（*Michelia*）

识别特征 常绿乔木，高达 18 m。顶芽狭椭圆形，被橙黄色或灰色有光泽的柔毛，小枝、叶、叶柄均无毛。单叶互生，叶革质，稍坚硬，倒卵状长圆形，先端圆钝，具短尖，上面深绿色，下面粉绿色，无毛，叶柄长 1～3 cm，具宽沟，无托叶痕。花白色，花被片 9 枚，3 轮，倒卵形，花丝红色。聚合果长 4～5 cm，果梗长 2～3 cm，蓇葖有时仅数个发育，顶端具短喙。花期 3—5 月，果期 6—8 月。

分布 我国广东和海南，生于海拔 200～1 500 m 的常绿阔叶林中。

优先保护理由 材用树种和庭院观赏树种，种群过小，为国家二级重点保护植物。

保护建议与措施 禁止乱砍滥伐，人工繁育用于庭院栽种观赏。

⊙ 袁浪兴 拍摄/海南

7 海南粗榧

Cephalotaxus hainanensis H. L. Li

别　　名　红壳松、薄叶篦子杉

分类地位　柏目（Cupressales）、红豆杉科（Taxaceae）、三尖杉属（*Cephalotaxus*）

识别特征　常绿乔木，高 10～20 m。髓心中部具树脂道，树皮裂成片状脱落。叶条形，排成 2 列，质地较薄，向上微弯或直，干后边缘向下反曲，上面中脉隆起，下面有 2 条白色宽气孔带。球花单性，雌雄异株。雄球花聚生成头状花序，单生叶腋，基部有螺旋状着生的苞片。雌球花具长梗，花梗上部的花轴上具数对交叉对生的苞片，每一苞片腋生 2 枚直立胚珠。种子第二年成熟，核果状，全包于由珠托发育成的肉质假种皮中，顶端有突起的小尖头，基部有宿存的苞片，外种皮坚硬，熟后常呈红色。

分　　布　我国海南（乐东、昌江、白沙、五指山、陵水、琼中）。生于海拔 700～1 200 m 的山地雨林中。

优先保护理由　重要材用树种和药用植物，模式标本采自海南五指山，为国家二级重点保护植物。

保护建议与措施　禁止乱砍滥伐，寻找替代性用材树种。

⊙ 郑希龙　拍摄/海南

8 海南蝴蝶兰

Phalaenopsis hainanensis Tang & F. T. Wang

别　　名 海南蝶兰

分类地位 天门冬目（Asparagales）、兰科（Orchidaceae）、蝴蝶兰属（*Phalaenopsis*）

识别特征 附生草本，茎长 1～1.5 cm，被叶鞘包裹，具 3～4 枚叶。叶在花期常凋落。花序侧生于茎的基部，通常 1～2 个，斜立，长达 55 cm，有时分枝，疏生 8～10 朵花，花开展，黄绿色，唇瓣紫色，中萼片长圆形，侧萼片斜椭圆状长圆形，花瓣匙形，基部收狭为爪，唇瓣基部具长约 1 mm 的爪，3 裂，侧裂片直立，两侧裂片基部之间具 1 枚对开的肉突，中裂片近提琴形，较肥厚，先端稍扩大，基部具 1 枚先端二叉状的附属物，边缘稍下弯，上面中央具 1 条等粗而纵向的脊突。蕊柱长约 7 mm。花粉团 2 个，球形，每个劈裂为不等大的 2 片。花期 7 月。

分　　布 我国海南（白沙、乐东）、云南，生于海拔 500 m 的林下岩石上或高温高湿河川海岸边的森林树木。

优先保护理由 具有重要的园艺观赏价值，被列入 CITES 公约附录 II。

保护建议与措施 生境保护为主，禁止采挖，人工繁育种苗，满足社会需求。

⊙ 袁浪兴　拍摄/海南

9 土沉香

Aquilaria sinensis (Lour.) Spreng.

别　　名　白木香、沉香、香材

分类地位　锦葵目（Malvales）、瑞香科（Thymelaeaceae）、沉香属（*Aquilaria*）

识别特征　乔木，高 5～15 m，树皮暗灰色，几平滑，纤维坚韧。叶互生，革质，两面无毛。花芳香，黄绿色，组成伞形花序，均密被短柔毛，无苞片。花萼钟状，裂片 5 枚，宿存。花瓣 10 枚，退化为鳞片状，基部连合成环，生于花萼筒喉部，雄蕊 10，排成 1 轮，花丝极短。蒴果具短梗，卵球形，直径约 2 cm，顶端具短尖头，密被黄色短柔毛，2 瓣裂，每瓣含 1 粒种子，种子褐色，卵球形，长约 1 cm，基部具有附属体，下端呈柄状。花期春夏，果期夏秋。

分　　布　我国特有种，分布广东、广西、海南和云南，生于低海拔山地、丘陵及路边疏林中。

优先保护理由　老茎受伤后所积得树脂（沉香）为珍贵香料原料和名贵中药，树皮纤维和木质部经济用途大，野外采伐严重，被列入国家二级重点保护植物。

保护建议与措施　建议就地保护为主，禁止乱采滥伐，发展人工栽培及结香技术，用于代替野生资源。

⊙ 郑希龙　拍摄/海南

10 海南龙血树

Dracaena cambodiana Pierre ex Gagnep.

别名 柬埔寨龙血树、山海带、小花龙血树

分类地位 天门冬目（Asparagales）、天门冬科（Asparagaceae）、龙血树属（*Dracaena*）

识别特征 乔木状。茎略木质，树皮灰褐色，幼枝有密环状叶痕。叶聚生于茎和枝顶端，互相套叠，剑形，薄革质，向基部略变窄而后扩大，抱茎，无柄。圆锥花序生茎枝顶端，长 30 cm 以上，花黄绿色，每 3～7 朵簇生，花梗长 5～7 mm，上部 1/3 处具关节，花被片下部 1/4 处合生成短筒。浆果直径约 1 cm。花期 7 月。

分布 我国海南万宁、昌江、三亚、乐东、陵水；国外分布于越南、柬埔寨，生于林中或干燥沙壤土上。

优先保护理由 具有较高的药用价值和观赏价值，因而遭受到掠夺性采挖，野生资源已十分匮乏，种群处于濒危状态，现已被列为国家二级重点保护植物。

保护建议与措施 自然更新能力极差，现有生境仅适合生长成年植株，某些生态因子甚至对种子萌发或小苗生长有严重抑制作用，因此在就地保护现有植株的同时，还要探究其自然更新失败的关键环节，发展人工繁育技术，以有效保育其野生资源。

⊙ 郑希龙 拍摄/海南

11 海南五针松

Pinus fenzeliana Hand.-Mazz.

别　　名　海南松、油松

分类地位　松目（Pinales）、松科（Pinaceae）、松属（*Pinus*）

识别特征　常绿大乔木，树皮不规则的鳞状块片脱落，枝轮生。叶两型，针叶 5 针一束，细长柔软，通常长 10～18 cm，先端渐尖，边缘有细锯齿，仅腹面每侧具 3～4 条白色气孔线，横切面三角形，单层皮下层细胞，树脂道 3 个。球花单性，雌雄同株，雄球花卵圆形，多数聚生于新枝下部呈穗状，长约 3 cm。球果长卵圆形，单生或 2～4 个生于小枝基部，成熟前绿色，熟时种鳞张开，暗黄褐色，常有树脂，中部种鳞近楔状倒卵形或矩圆状倒卵，鳞盾近扁菱形，边缘钝，鳞盾先端边缘显著向外反卷，种子栗褐色，顶端具短翅，种皮较薄。花期 4 月，球果第二年 10—11 月成熟。

分　　布　我国海南（乐东、昌江、白沙和五指山）、广西以及贵州，多生于高山地带针阔混交林中。

优先保护理由　我国特有种，很少见。种群的种内与种间竞争是其成年个体死亡的主要原因。

保护建议与措施　可通过创造适合各年龄阶段生长发育的环境条件，如对其群落采取修枝和移栽等措施，扩大其自然种群数量，维持种群稳定。

⊙ 邢福武　拍摄/海南

12 海南重楼

Paris dunniana H. Lév

分类地位 百合目（Liliales）、藜芦科（Melanthiaceae）、重楼属（*Paris*）

识别特征 多年生草本，根状茎粗。茎不分枝，高达 1.6 m，基部具膜质鞘。叶 4～8 片，在茎顶轮生，倒卵状长圆形，先端具长 1～2 cm 的尖头，叶柄长 5～8 cm。花梗长 0.6～1.4 m，花单生与叶轮中央，花被片离生，宿存，2 轮，外轮花萼绿色，膜质，长圆状披针形，内轮花瓣绿色，丝状，长于萼片，雄蕊 4～6 轮，长 2～3 cm。蒴果成熟时淡绿色，近球形，直径 4 cm，开裂。花期 3—4 月，果期 10—11 月。

分布 我国特有种，分布海南、贵州和云南，生于海平面至 1 100 m 林中。

优先保护理由 具有重要的药用价值，为国家二级重点保护植物。

保护建议与措施 建议就地保护为主，禁止采挖。

⊙ 袁浪兴 拍摄/海南

13 陆均松

Dacrydium pectinatum de Laub.

别名 红松、山松、黄液松

分类地位 南洋杉目（Araucariales）、罗汉松科（Podocarpaceae）、陆均松属（*Dacrydium*）

识别特征 常绿乔木，高可达 30 m，树干直，树皮有浅裂纹，大枝轮生，多分枝，小枝下垂。叶二型，螺旋状排列，紧密，微具 4 棱，基部下延，幼树、萌生枝或营养枝上之叶较长，镰状针形，长 1.5～2 cm，稍弯曲，先端渐尖，老树或果枝之叶较短，钻形或鳞片状，长 3～5 mm，有显著的背脊，先端钝尖向内弯曲。雄球花穗状，雌球花单生枝顶，无梗。种子卵圆形，横生于较薄而干的杯状假种皮中，成熟时红色或褐红色，无梗。花期 3 月，种子 10—11 月成熟。

分布 我国海南（乐东、白沙、五指山、保亭、陵水、琼中）；国外分布于越南、柬埔寨、泰国，生于海拔 500～1 600 m 的山地雨林中。

优先保护理由 海南岛热带山地雨林标志树种之一，是构建天然群落的关键种。在我国仅海南有分布，分布范围十分狭窄。此外，其还是优良用材树种和庭院植物，因而遭到大量采伐，野生资源受到严重破坏，且其群落内林下的幼苗天然更新极其困难。

保护建议与措施 禁止乱砍滥伐，加强人工繁育。此外，陆均松天然林内幼树严重缺失，可通过适度的人为抚育管理，如合理疏伐林下灌木、开辟林窗以增加林下透光率，营造适宜陆均松幼苗生长及幼树存活的生境条件。

⊙ 郑希龙 拍摄/海南

14 海南紫荆木

Madhuca hainanensis Chun & How

别　　名 铁色、子京、海南马胡卡

分类地位 杜鹃花目（Ericales）、山榄科（Sapotaceae）、紫荆木属（*Madhuca*）

识别特征 乔木，树干分泌乳状汁液。托叶钻形，早落。叶聚生于小枝顶端，革质，长圆状倒卵形，边全缘，上面有光泽，无毛，下面幼时被短绢毛，后变无毛，侧脉 20～30 对，明显，叶柄长 1.5～3 cm，被灰色绒毛。花 1～3 朵腋生，下垂，花梗长 2～3 cm，密被锈红色绢毛。花萼裂片 4，果期宿存，花冠白色，裂片 8～10，上部短尖。果绿黄色，卵球形，先端具花柱的残余，果柄粗壮，长 3～4.5 cm，种子无胚乳。花期 6—9 月，果期 9—11 月。

分　　布 我国海南特有种。

优先保护理由 重要材用树种和经济树种，因过度砍伐而濒危，且种子寿命短，为国家二级重点保护植物。

保护建议与措施 建议就地保护好天然林资源，禁止乱砍滥伐，采取封山育林措施，使热带天然林得到充分恢复和发展，恢复野外种群。加强人工繁育及栽培技术研究，就地保护、迁地保护和野外回归有机结合，通过收集野外种群的种子，建立保存圃，异地保存种质资源。

⊙ 袁浪兴　拍摄/海南

15 海南砂仁

Amomum longiligulare T. L. Wu

别名 海南壳砂仁

分类地位 姜目（Zingiberales）、姜科（Zingiberaceae）、豆蔻属（*Amomum*）

识别特征 多年生草本，株高 1～1.5 m，具匍匐根茎，茎基部略膨大呈球形。具叶的茎和花葶各自长出。叶片线状披针形，长 20～30 cm，宽 2.5～3 cm，顶端具尾状细尖头，基部渐狭，两面均无毛；叶柄长约 5 mm，叶舌披针形，长 2～4.5 cm，薄膜质，具长鞘，无毛。穗状花序，花葶密生覆瓦状宿存鳞片，苞片覆瓦状排列，披针形，长 2～2.5 cm，小苞片长约 2 cm，包卷住萼管。花萼圆筒状，一侧深裂，顶端具 3 齿，花冠管圆筒形，裂片长圆形，长约 1.5 cm，唇瓣圆匙形，长和宽约 2 cm，白色，中脉隆起，紫色。蒴果卵圆形，具明显钝 3 棱（与砂仁明显区分），被片状分裂的短柔刺，果皮光滑，种子紫褐色，被淡棕色、膜质假种皮。花期 4—6 月，果期 6—9 月。

分布 我国海南（澄迈、三亚、儋州、乐东），生于山谷密林中或栽培，模式标本采自三亚。

优先保护理由 海南特有种。是重要的药用植物，常被采挖。

保护建议与措施 禁止采挖，加强人工繁育满足药用需求，减少对野生种群的干扰和破坏。

⊙ 郑希龙 拍摄/海南

16 海南白桫椤

Sphaeropteris hainanensis（Ching）R. M. Tryon

分类地位 桫椤目（Cyatheales）、桫椤科（Cyatheaceae）、白桫椤属（*Sphaeropteris*）

识别特征 树状蕨类，茎干高达 20 m，中部以上直径达 20 cm。叶柄深禾秆色，光滑，稍有白粉。叶为三回深羽裂至近三回羽状，叶轴及羽轴光滑；羽片互生，近平展，长圆阔披针形，长 60～70 cm，主脉下面通常光滑或略被黄白色毛，末回羽片长 7～10 cm。裂片长圆线形，略呈镰刀状，圆头，15～20 对。叶为坚草质，干后上面绿褐色，下面灰绿色。每裂片上有孢子囊群 7～9 对，位于主脉与叶缘之间。

分布 我国海南（白沙、保亭、昌江、乐东、陵水、琼中、万宁、五指山），生于林缘、山谷及密林中。

优先保护理由 海南白桫椤曾被处理为白桫椤异名，现为独立物种，为海南特有种，国家二级重点保护植物，列入 CITES 公约附录Ⅱ。

保护建议与措施 建议以保护区就地保护为主，结合迁地保护和孢子扩繁增加种群数量。

⊙ 舒江平 拍摄/海南

19 雅加松

Pinus massoniana var. *hainanensis* W. C. Cheng & L.K.Fu

分类地位 松目（Pinales）、松科（Pinaceae）、松属（*Pinus*）

识别特征 常绿乔木，为马尾杉的变种。树皮红褐色，裂成不规则薄片脱落；枝条平展，小枝斜上伸展；针叶2针一束，长12～20 cm，细柔，两面有气孔线，边缘有细锯齿，叶片横切面上可见树脂道4～8个，叶鞘宿存。花单性，雌雄球果卵状圆柱形。球花单性，雌雄同株；雄球花圆柱形，聚生于新枝下部苞片腋部，穗状，无梗。雌球花单生或2～4个生于新枝近顶端，淡紫红色。球果卵圆形，有短梗，下垂。种鳞木质，宿存，排列紧密，上部露出部分为“鳞盾”，花期4—5月，球果第二年秋季成熟，熟时种鳞张开，种子散出，种子上部具长翅，种翅与种子结合而生。

分布 我国仅见于海南昌江，生于海拔1 300 m的山地雨林中。

优先保护理由 海南特有种，重要的材用树种和荒山恢复森林的先锋树种，还为医药、化工提供原料，经济价值大，国家二级重点保护植物。

保护建议与措施 保护生境，禁止乱砍滥伐。

⊙ 邢福武 拍摄/海南

20 翠柏

Calocedrus macrolepis Kurz

分类地位 松目（Pinales）、柏科（Cupressaceae）、翠柏属（*Calocedrus*）

识别特征 常绿乔木，高达 30 m，树皮老时纵裂，小枝互生，两列状，生鳞叶的小枝直展，扁平，排成平面，两面异形，下面的鳞叶微凹，有气孔点。鳞叶二型，交叉对生，明显成节，中央的鳞叶扁平，两侧的鳞叶对折，瓦覆着中央之叶的侧边及下部。雌雄同株，雌雄球花分别生于不同短枝的顶端，雄球花黄色，雌球花具 3 对交叉对生的珠鳞，珠鳞腹部具 2 枚胚珠。球果椭圆柱形，熟时红褐色，长 1～2 cm；种鳞 3 对，木质，扁平，仅中间 1 对各有 2 粒种子；种子微扁，上部有两个大小不等的膜质翅。3—4 月开花，种子 9—10 月成熟。

分布 我国海南（霸王岭、猴弥岭、鹦哥岭）、广西、广东、贵州、云南、台湾；国外分布于印度、缅甸、老挝、泰国及越南，生于海拔 1 000～2 000 m 的山地针阔混交林中。

优先保护理由 优良用材树种，并为古老残遗种，对研究中国至北美区系有价值。森林砍伐，生境破坏，更新困难，国家二级重点保护植物。

保护建议与措施 建议就地保护为主，禁止乱砍滥伐。

⊙ 袁浪兴 拍摄/海南

21 青梅

Vatica mangachapoi Blanco

别　　名　青皮、海梅、苦香

分类地位　锦葵目（Malvales）、龙脑香科（Dipterocarpaceae）、青梅属（*Vatica*）

识别特征　常绿乔木，具白色芳香树脂，高约 20 m。小枝被星状绒毛。叶革质，全缘，长圆形至长圆状披针形，先端渐尖或短尖，网脉明显。圆锥花序长 4～8 cm，纤细，被银灰色的星状毛。花萼裂片 5 枚，不等大，花瓣 5 枚，白色，芳香，雄蕊 15 枚，花丝短，不等长。果实球形，增大的花萼裂片其中 2 枚较长，长 3～4 cm，宽 1～1.5 cm，先端圆形。花期 5—6 月，果期 8—9 月。

分　　布　我国海南，见于海南中部及以南；国外分布于越南、泰国、菲律宾、印度尼西亚等，生于海拔 700 m 以下的丘陵、坡地林中。

优先保护理由　木材心材耐腐耐湿，为优良的渔轮用材等用途，由于过度砍伐导致自然种群过小，为国家二级重点保护植物。

保护建议与措施　建议就地保护为主，禁止乱砍滥伐，增强人工扩繁，减少对野外居群的威胁。

⊙ 郑希龙　拍摄/海南

22 戟蕨

Christopteris tricuspis（Hook.）Christ

分类地位 水龙骨目（Polypodiales）、水龙骨科（Polypodiaceae）、戟蕨属（*Christopteris*）

识别特征 附生草本，很少地生，附身于树干基部。根状茎长横走，直径5～6 mm，密被鳞片。鳞片红棕色，基部卵状披针形，5～6 mm，边缘有细锯齿，先端长尾状钻形。叶远生，叶柄禾秆色或栗色，长20～35 cm，无毛，可育叶柄长于不育叶柄。叶二型，不育叶深三裂或羽状，顶生裂片大于侧生裂片，边缘全缘，先端渐尖。叶脉网状，具单一或分支的内含小脉，几乎不可见。叶片革质，深绿色，两面无毛。可育叶的裂片较窄，线形，孢子具隔丝。

分　　布 我国海南（白沙、昌江、乐东、陵水）；国外分布于印度、马来西亚、泰国、越南。

优先保护理由 野外数量极少，曾一度认为在野外灭绝，中国仅海南有分布。

保护建议与措施 建议开展野外考察，确定种群数量情况，划定保护核心区进行就地保护，尽快开展孢子繁育和相关保护研究，扩大种群数量。

⊙ 严岳鸿 拍摄/海南

23 双扇蕨

Dipteris conjugata（Kaulf.）Reinw.

别　　名　灰背双扇蕨

分类地位　里白目（Gleicheniales）、双扇蕨科（Dipteridaceae）、双扇蕨属（*Dipteris*）

识别特征　地生草本。根状茎长横走，直径约 1 cm，密被毛状鳞片。鳞片红棕色，狭窄而硬，长约 1.2 cm。叶柄粗壮，40～120 cm 长，基部具毛状鳞片，基部以上光滑无毛。叶背灰白色，正面深绿色，叶革质，无毛，从基部分裂呈 2 个扇形半部，每半部分成 4 个不等长裂片，宽 4～5 cm，裂片浅裂 1 次或多次。裂片顶部渐尖，边缘有粗齿。背面叶脉突出。孢子隔丝呈棒状。

分　　布　我国海南（白沙、陵水）、台湾；国外分布于柬埔寨、印度、印度尼西亚、日本、瑞典群岛、马来西亚、菲律宾、泰国、越南、太平洋岛屿，生于山脊或森林边缘山坡，海拔 500～1 200 m。

优先保护理由　海南是双扇蕨在中国大陆唯一分布点，其他地方的都为中华双扇蕨，野外居群少见。被 IUCN 列为易危（VU）。

保护建议与措施　建议就地保护为主，迁地保护为辅，结合孢子扩繁，复壮种群数量。

⊙ 张宪春　拍摄/海南

24 闽粤苏铁

Cycas taiwaniana Carruth.

别　　名 台湾苏铁

分类地位 苏铁目（Cycadales）、苏铁科（Cycadaceae）、苏铁属（*Cycas*）

识别特征 常绿树种，树干圆柱形，直立，高 1～3.5 m，有残存的叶柄。叶有鳞叶和营养叶两种，二者交互着生。鳞叶小，密被粗糙的毡毛。营养叶大，革质，集生于树干上部，长达 180 cm，宽 20～40 cm，羽状深裂，羽状裂片 90～144 对，条形，叶柄长 15～40 cm，两侧有刺。雌雄异株，雄球花近圆柱形或长椭圆形，长约 50 cm；大孢子叶下部柄状，两侧着生 4～6 枚胚珠，成熟时下部光滑无毛，胚珠栗褐色，光滑无毛。种子椭圆形，稍扁，熟时红褐色，外种皮肉质，中种皮木质，两侧常具 2 条棱脊，内种皮膜质。

分　　布 我国海南特有种。生于海拔 200～400 m 向阳丘陵土壤。

优先保护理由 我国特有种，观赏价值高，且起源古老，具有重要的科研价值。农垦使生境破碎化，盗挖散失、种群过小，国家一级重点保护植物。

保护建议与措施 就地保护为主，禁止采挖，建议加强人工繁育，减少野外破坏。

⊙ 郑希龙　拍摄/海南

25 皱皮油丹

Alseodaphnopsis rugosa (Merr. & Chun) H. W. Li et J. Li

别　　名　黄丹、皱皮北油丹

分类地位　樟目（Laurales）、樟科（Lauraceae）、北油丹属（*Alseodaphnopsis*）

识别特征　乔木，高达 12 m；小枝圆柱形，粗大，具皱纹，近梢端有密集的叶痕。叶着生于枝梢，密而近轮生，革质，长椭圆状倒卵形或长椭圆状披针形，长 15～32 cm，宽 4～10 cm，顶端短渐尖，基部楔形腹面干时浅棕色，光亮，背面苍白色。中脉浅棕色，上面下陷，下面明显凸起。叶柄粗壮，长 1.5～2.5 cm。果序顶生，粗壮，有梗，长 8～22 cm。果球形，直径约 3 cm，梗粗壮，鲜时肉质，红色，长约 1 cm，干时直径至少 5 mm，多疣。

分　　布　我国海南（白沙、五指山、陵水、万宁、文昌），生于海拔 1 200～1 300 m 的林谷混交林中。

优先保护理由　我国的特有物种之一，很少见，国家二级重点保护植物。

保护建议与措施　建议就地保护为主，禁止采挖。

⊙ 郑希龙　拍摄/海南

26 海南凤仙花

Impatiens hainanensis Y. L. Chen

分类地位 杜鹃花目（Ericales）、凤仙花科（Balsaminaceae）、凤仙花属（*Impatiens*）

识别特征 多年生草本，高 30～50 cm。茎粗壮，肉质多汁。叶互生，具柄，通常密集于茎枝上端，叶片薄纸质，卵状椭圆形或卵形，羽状脉，基部宽楔形或近圆形，两侧有 2 个卵圆形无柄的腺体，边缘具圆齿状锯齿。总花梗腋生，近无梗，多具 1 花。花较大，侧生萼片 2，膜质，淡黄绿色，全缘，顶端具小尖，具疏紫色斑点，唇瓣短囊状，基部急收缩成距，旗瓣微兜状，背面中肋增厚，具明显鸡冠状凸起，4 枚侧生花瓣成对合生成翼瓣。蒴果棒状，长 2～2.2 cm，上部膨大，顶端具喙，成熟时种子弹出。花期 6—7 月。

分布 我国海南（乐东、昌江、白沙），生于海拔 1 200～1 300 m 的密林中或石灰岩石缝中。模式标本采自乐东。

优先保护理由 海南特有种，数量稀少，当地少数民族垦荒、采药等人为因素使其生境破坏严重。

保护建议与措施 建议加大对低海拔石灰岩地区的保护力度，禁止人为破坏，高海拔地区的群从应加强就地保护。

⊙ 郑希龙 拍摄/海南

27 小叶罗汉松

Podocarpus pilgeri Foxw.

别　　名　短叶罗汉松

分类地位　南洋杉目（Araucariales）、罗汉松科（Podocarpaceae）、罗汉松属（*Podocarpus*）

识别特征　常绿灌木或乔木。茎干外皮红色、深褐色或淡褐色，光滑，纤维状或鳞片状，内皮粉红色或淡褐色。叶淡绿色，下部有时被白霜，幼叶微红，散生或有时密集于小枝顶端，宽线状披针形至椭圆形或长圆形，长 1.5～8 cm，宽 0.4～1.3 cm，锐尖或具细尖，边缘通常平，无毛。雄球果淡黄色，单生于叶腋，圆柱形或卵球形。雌球果单生于叶腋，梗长 3～12 mm，花托红色或紫色，胚珠红棕色或红色。种子紫色，有白霜，椭圆形卵形。

分　　布　我国海南（白沙、保亭、琼中）和云南；国外分布于菲律宾及加里曼丹岛，生于海拔 700～1 200 m 的山地雨林中。

优先保护理由　很少见，国家二级重点保护植物。

保护建议与措施　建议就地保护为主，禁止乱砍滥伐。

⊙ 周欣欣　拍摄/麻栗坡

28 龙骨马尾杉

Phlegmariurus carinatus（Desv.）Ching

分类地位 石松目（Lycopodiales）、石松科（Lycopodiaceae）、马尾杉属（*Phlegmariurus*）

识别特征 石松类植物，附生草本。茎簇生，成熟枝下垂，1至多次二叉分枝，长31～49 cm，枝较粗，茎连叶呈绳索状，第三回分枝直径大于2.5 cm，侧枝不等长。叶螺旋排列呈 2 列。营养叶密生，针状，紧贴枝上，强度内弯，约 8 mm 长、4 mm 宽，基部楔形，下延，无柄，有光泽，顶端渐尖，近通直，向外开张，背面隆起呈龙骨状，中脉不显，坚硬，全缘。孢子囊穗顶生，直径约 3 mm。孢子叶卵形，基部楔形，先端尖锐，具短尖头，中脉不显，全缘。孢子囊生于孢子叶腋，藏于孢子叶内，肾形，2 瓣开裂，黄色。

分布 我国海南（白沙、保亭、昌江、儋州、乐东、陵水、琼海）、广东、广西、台湾、云南（河口）；国外分布于柬埔寨、印度、日本、老挝、马来西亚、菲律宾、新加坡、泰国、越南、太平洋群岛，生于密林中的树干或岩石上，海拔200～2 300 m。

优先保护理由 具有较高的观赏和科研价值，受人为干扰严重，国家二级重点保护植物。

保护建议与措施 龙骨马尾杉分布点较多，但居群数量极少，建议加强就地保护，结合孢子繁殖和无性繁殖复壮野外居群。

⊙ 郑希龙 拍摄/海南

29 苏铁蕨

Brainea insignis （Hook.） J. Sm.

分类地位 水龙骨目（Polypodiales）、乌毛蕨科（Blechnaceae）、苏铁蕨属（*Brainea*）

识别特征 树状蕨类。茎黑褐色，直立，粗壮，可达约 1 m 高，直径 10～15 cm，木质，先端有鳞。鳞片红褐色，线形，长达 3 cm，膜质，渐尖。叶簇生于主轴的顶部，略呈二形。叶柄棕禾秆色，10～30 cm，基部有鳞片。叶一回羽状，椭圆披针形，50～100 cm，向下稍变窄，革质，叶背沿中肋和叶脉具小鳞片。羽片 30～55 对，对生或互生，近无柄，线形至狭长圆形，基部不对称，近耳形，边缘有细锯齿，基部耳郭稍短。叶脉离生，单一或二回分叉。可育羽片稍短，边缘有时不规则浅裂。叶轴麦秆色，正面具凹槽。孢子囊群沿主脉两侧的小脉着生，无囊群膜，成熟时覆盖整个羽片背面。

分布 我国海南（昌江、乐东、琼中、五指山）、福建、广东、广西、贵州、台湾、云南，亚洲热带地区，生于山顶或裸露的山坡，海拔 300～1 700 m。

优先保护理由 野生居群数量较少，具有较高的观赏价值，易受人为采挖和环境破坏影响，属于濒危（EN）物种，具有重要的科研和科普价值。

保护建议与措施 建议就地保护为主，结合迁地保护，加强孢子扩繁复壮野外居群。

⊙ 舒江平、郑希龙 拍摄/海南

30 带状瓶尔小草

Ophioderma pendulum（L.）C. Presl

分类地位 瓶尔小草目（Ophioglossales）、瓶尔小草科（Ophioglossaceae）、带状瓶尔小草属（*Ophioderma*）

识别特征 蕨类植物，附生草本。叶 1～3 片，不育叶无柄，下垂如带状，往往为披针形，单叶或有时二叉分裂，长达 30～150 cm，宽 1～3 cm，肉质，无中脉，小脉多少可见，网状，网眼为六角形而稍长，斜列。孢子囊穗长 5～15 cm，宽约 5 mm，具较短的柄，生于营养叶的近基部或中部，从不超过叶片的长，每侧孢子囊 40～200 个，孢子四边形，无色或淡乳黄色，透明。

分布 我国海南（白沙、保亭、陵水、万宁）、台湾、云南；国外分布于印度、印度尼西亚、日本、韩国、马来西亚、菲律宾、斯里兰卡、非洲西部、澳大利亚、太平洋岛屿（夏威夷群岛）。

优先保护理由 生于热带雨林树干上，具有较高的观赏价值，常应用于室内园林设计。野生居群数量极少，可能目前只有海南有分布，属于极危（CR）物种，国家二级重点保护植物。

保护建议与措施 建议加强野外考察，确定野外分布和居群数量，就地保护为主，开展孢子繁育研究，进行迁地保护。

⊙ 郑希龙 拍摄/海南

31 独占春

Cymbidium eburneum Lindl.

别　　　名 象牙白

分 类 地 位 天门冬目（Asparagales）、兰科（Orchidaceae）、兰属（*Cymbidium*）

识 别 特 征 多年生附生草本植物，植株丛生，假鳞茎梭形，长4～8 cm，宽2.5～3.5 cm，包藏于叶基之内。叶6～11枚，长57～65 cm，宽1.4～2.1 cm，带形，先端为细微的不等2裂，基部二列套叠，关节位于距基部4～8 cm处。花葶从假鳞茎下部叶腋发出，长25～40 cm，总状花序具1～2朵花，花苞片卵状三角形，花较大，不完全开放，稍有香气。萼片与花瓣白色，有时有粉红色晕，唇瓣白色而中裂片中央至基部有一黄色斑块，萼片狭长圆状倒卵形，花瓣狭倒卵形，与萼片等长，唇瓣宽椭圆形，3裂，基部与蕊柱合生达3～5 mm，侧裂片直立，略围抱蕊柱，有小乳突，中裂片稍外弯，边缘波状。花粉团2个，四方形。蒴果近椭圆形，长5～7 cm，宽3～4 cm。花期2—5月。

分　　　布 我国海南（陵水、三亚、昌江）、广西、云南；国外分布于尼泊尔、印度、缅甸，生于溪谷旁岩石上。

优先保护理由 有“双燕齐飞”或“双燕迎春”的美称，具有较高的观赏价值，为国家二级重点保护植物，列入CITES公约附录Ⅱ。

保护建议与措施 建议迁地保护和就地保护相结合，禁止采挖，同时加强人工繁育种群复壮。

⊙ 陈利君、郑希龙　拍摄/海南

32 海南地不容

Stephania hainanensis H. S. Lo & Y. Tsoong

别名 金不换

分类地位 毛茛目（Ranunculales）、防己科（Menispermaceae）、千金藤属（*Stephania*）

识别特征 藤本。枝粗壮，有直沟槽，老枝稍木质化，枝、叶含淡黄色或白色液汁，全株无毛。叶柄粗壮，较长，叶片三角状圆形，长和宽均 10～16 cm，边缘浅波状。叶脉掌状，从叶柄着生处放射伸出。花单性，雌雄异株，复伞形聚伞花序腋生。雄花序总梗长 3～7 cm，小聚伞花序有花 3～5 朵；小苞片狭披针形，雄花萼片黄绿，通常 6 片，花瓣 3，橙黄色。雌花序紧密呈头状，总梗长 2.5～5 cm，上端明显膨大，雌花花被左右对称，萼片 1，花瓣 2，肉质，比萼片稍大。核果红色，倒卵圆形，果梗稍肉质。花期 3—5 月。

分布 我国海南特有种，分布在海南白沙、乐东、东方、万宁、琼中，生于疏林或石缝中，模式标本采自海南白沙。

优先保护理由 海南特有种。是重要的药用植物，很少见且被大量采挖，导致野生居群遭到严重破坏。

保护建议与措施 建议就地保护和迁地保护相结合，禁止采挖。

⊙ 郑希龙 拍摄/海南

33 海南兰花蕉

Orchidantha insularis T. L. Wu

分类地位 姜目（Zingiberales）、兰花蕉科（Lowiaceae）、兰花蕉属（*Orchidantha*）

识别特征 多年生草本，高约 45 cm，根状茎平卧。叶基生，二列，叶片长椭圆形，基部近叶柄处稍下延，叶柄长，中部以下扩大呈鞘状。花两侧对称，单生，从根状茎生出，鞘状苞片紫色，宿存，每一苞片内有花 1～2 朵。花萼和唇瓣均为 3 片，线状披针形，中间 1 枚裂片较大，称为唇瓣，侧生 2 枚花瓣较小，顶端具芒状尖头。雄蕊 5 枚，子房顶端延长呈长柄。蒴果圆球形，长 1 cm，成熟时室背 3 裂；种子具 3 裂的假种皮。花期 6 月。

分布 我国海南，生于海拔 100 m 林下。

优先保护理由 海南特有种。种群数量小，为国家二级重点保护植物。

保护建议与措施 建议就地保护和迁地保护相结合。

⊙ 郑希龙 拍摄/海南

34 三岛莲座蕨

Angiopteris tamdaoensis（Hayata）J.Y.Xiang & T.Wang

分类地位 合囊蕨目（Marattiales）、合囊蕨科（Marattiaceae）、观音座莲属（*Angiopteris*）

识别特征 蕨类植物，地生草本。叶 50～85 cm 长，叶柄 40～45 cm 长，具 1 裸露叶枕。叶片一回羽状。羽片 2～4 对，互生，椭圆形，20～25 cm 长，4～5 cm 宽，基部楔形，边缘具锐锯齿，顶端尾状。叶脉明显，无假脉。孢子囊群中生于中肋和叶缘之间，0.7～1 cm 长。孢子隔丝短于孢子囊。孢子具棒状纹饰。

分布 我国海南（白沙、昌江、乐东、琼中、三亚、五指山）；国外分布于越南北部，生于密林中。

优先保护理由 野外数量极少，分类地位存在争议，具有较高的观赏和科研价值，国家二级重点保护植物。

保护建议与措施 建议就地保护为主，急需开展孢子繁殖和无性繁殖研究，扩大野外种群数量，同时开展迁地保护。

⊙ 舒江平 拍摄/海南

35 桫椤

Alsophila spinulosa（Wall. ex Hook.）R. M. Tryon

别　　名 蕨树、刺桫椤

分类地位 桫椤目（Cyatheales）、桫椤科（Cyatheaceae）、桫椤属（*Alsophila*）

识别特征 树状蕨类。树干长 5～20 m，直径 10～20 cm，密被不定根。叶柄宿存并形成不规则的裙状，有光泽，绿色，基部紫黑色，30～50 cm 长，具刺和有光泽的棕色鳞片。鳞片暗褐色，狭披针形，边缘淡而具薄齿，鳞片脱落后基部有尖刺。叶片 2 回羽状全裂，长倒卵形。羽片 18～20 对，无柄或短柄，羽状全裂。裂片 18～20 对，中部镰刀形，边缘具齿，先端锐尖，叶脉羽状。叶片绿色，纸质。背面具小的膜质鳞片，叶轴的正面、肋骨和中脉密被毛。孢子囊群生于侧脉的分叉处。囊群盖球状，薄膜质，幼时从基部完全包绕，成熟时不规则脱落。

分　　布 我国海南（白沙、保亭、昌江、乐东、陵水、琼中、五指山）、重庆、福建、广东、广西、贵州、江西、四川、台湾、西藏、云南；国外分布于孟加拉国、不丹、印度、日本南部、缅甸、尼泊尔、斯里兰卡、泰国北部，生于密林山谷或林缘，海拔 300～1 600 m。

优先保护理由 具有重要的观赏和科学研究价值，是侏罗纪时期的优势类群，蕨类植物明星物种，国家二级重点保护植物。

保护建议与措施 建议就地保护和迁地保护相结合，开展孢子繁殖研究，复壮野外居群。

⊙ 舒江平　拍摄/海南

36 美花兰

Cymbidium insigne Rolfe

分类地位 天门冬目（Asparagales）、兰科（Orchidaceae）、兰属（*Cymbidium*）

识别特征 地生或半附生植物，假鳞茎卵球形，长 5～9 cm，宽 2.5～4 cm，包藏于叶基之内。叶 6～9 枚，带形，长 60～90 cm，宽 7～12 mm，关节位于距基部 7.5～10 cm 处。花葶长 28～90 cm，较粗壮，具数朵花，花直径 6～7 cm，无香气。花萼与花瓣白色带淡粉红色，有时基部有红点，唇瓣白色，侧裂片上有紫红色斑点和条纹，中裂片中部至基部黄色且具斑点。萼片椭圆状倒卵形，侧萼片略斜歪。花瓣狭倒卵形，长 2.8～3 cm，宽 1～1.2 cm；唇瓣近卵圆形，略短于花瓣，3 裂，侧裂片上有极细的小乳突，边缘无明显缘毛。中裂片稍外弯，边缘皱波状。唇盘上有 3 条纵褶片，中央 1 条较短，均密生短毛。蕊柱两侧具翅，花粉团 2 个，三角形至近四方形。花期 11—12 月。

分布 我国海南（定安、琼中）；国外分布于越南、泰国，生于疏林中多石草丛中或岩石上或潮湿、多苔藓岩壁上。

优先保护理由 具有较高的园艺观赏价值，为极小种群，国家一级重点保护植物，列入 CITES 公约附录Ⅱ。

保护建议与措施 建议迁地保护和就地保护相结合，禁止采挖，且加强扩繁种群复壮。

⊙ 李良珍 拍摄/海南

37 琼棕

Chuniophoenix hainanensis Burret

分类地位 棕榈目（Arecales）、棕榈科（Arecaceae）、琼棕属（*Chuniophoenix*）

识别特征 植株小，丛生灌木状，茎直立，无刺，具环状叶痕。叶掌状深裂，裂片14～16片，线形，长达50 cm，宽1.8～2.5 cm，先端渐尖。叶柄无刺，顶端无戟突，上面具深凹槽。花序腋生，多分枝，呈圆锥花序式，主轴上的苞片（一级佛焰苞）管状，长5～6 cm，顶端三角形，被早落的鳞秕。每一佛焰苞内有分枝3～5个，分枝长10～20 cm，其上密被褐红色有条纹脉的漏斗状小佛焰苞。花两性，紫红色，花萼筒状，宿存，花瓣2～3片，紫红色，卵状长圆形。果实近球形，直径约1.5 cm，外果皮薄，中果皮肉质，内果皮薄。种子为不整齐的球形，直径约1 cm，灰白色。花期4月，果期9—10月。

分布 我国海南陵水、琼中等地，生于低地雨林。

优先保护理由 海南特有种，树形优美，可供庭院观赏，国家二级重点保护植物。

保护建议与措施 建议就地保护为主，加强人工扩繁以减少野外采挖。

⊙ 袁浪兴 拍摄/海南

38 海南梧桐

Firmiana hainanensis Kosterm.

分类地位 锦葵目（Malvales）、锦葵科（Malvaceae）、梧桐属（*Firmiana*）

识别特征 乔木，高达 15 m，树皮灰白色，枝条平滑。叶卵形，边全缘，下面密被灰白色星状短柔毛，基生脉 5 条。圆锥花序长达 20 cm，密被淡黄褐色星状短柔毛。花单性，黄白色，萼片 5 枚，近于分离，条状披针形，无花瓣。雄花的花药聚生在雌雄蕊柄的顶端呈头状，雌花的子房 5 室，卵形，密被星状毛，基部围绕着不育的花药。蓇葖果卵形，长 7 cm，宽 3 cm，果皮膜质，成熟前裂开呈叶状，每蓇葖有种子 3～5 个，着生在叶状果皮的内缘。种子圆球形，成熟时黄褐色。花期 4 月。

分布 我国海南昌江、琼中，生于海拔 400～900 m 的季节性雨林沙质土上。

优先保护理由 海南特有种，绿化和材用树种，并具有重要的科研价值，自然种群过小。

保护建议与措施 建议就地保护为主，禁止乱砍滥伐。

⊙ 郑希龙 拍摄/海南

39 阴生桫椤

Alsophila latebrosa Wall. ex Hook.

分类地位 桫椤目（Cyatheales）、桫椤科（Cyatheaceae）、桫椤属（*Alsophila*）

识别特征 树状蕨类，茎干高达 5 m，直径约 8 cm。叶柄褐禾秆色至淡棕色，长约 30 cm，下面密生小疣突。叶片 3 回羽状深裂。羽片宽披针形，长达 50 cm，顶端长渐尖。小羽片约 25 对，有短柄，条形，长 6～7 cm，顶端长渐尖，深羽裂近小羽轴。裂片 16～20 对，条状披针形，长 6～8 mm，基部稍宽，钝头，边缘有浅圆齿。叶纸质。叶轴褐禾秆色，下面有小疣突，羽轴下面粗糙，小羽轴上面密被棕色毛。孢子囊群近主脉，囊群盖鳞片状，着生于囊托基部近主脉一侧，成熟时通常被孢子囊群覆盖，隔丝较孢子囊长。

分布 我国海南（保亭、昌江、澄迈、陵水、琼中、屯昌、五指山）、广西、云南；国外分布于马来半岛、印度尼西亚、柬埔寨，常生于海拔 800 m 以上的山坡密林中，能耐一定程度干旱。

优先保护理由 该种与桫椤极为相似，常被误认，野外居群情况需要进一步调查研究，具有较高的观赏、科研和科普价值，国家二级重点保护植物。

保护建议与措施 建议加强就地保护，进行孢子繁育和迁地保护，进一步开展桫椤科分类和保护遗传学研究。

⊙ 郑希龙 拍摄/海南

40 大叶黑桫椤

Alsophila gigantea Wall. ex Hook.

别　　名　大黑桫椤、大桫椤、多脉黑桫椤

分类地位　桫椤目（Cyatheales）、桫椤科（Cyatheaceae）、桫椤属（*Alsophila*）

识别特征　树状蕨类。植株高 2～5 m，主干直径达 20 cm。叶柄乌木色，粗糙，疏被暗棕色短毛，基部、腹面密被棕黑色鳞片。鳞片条形，光亮，平展。叶片 3 回羽裂，叶轴下部乌木色，向上渐呈棕色而光滑。羽片平展，有短柄，长圆形，顶端渐尖并有浅锯齿，羽轴下面近光滑，疣面疏被褐色毛。小羽片约 25 对，互生，条状披针形，羽裂达 1/2 至 3/4。小羽轴上面被毛，下面疏被小鳞片。裂片 12～15 对，阔三角形，钝头，边缘有浅钝齿。叶脉下面可见，小脉 6～7 对。叶为厚纸质，两面均无毛。孢子囊群位于主脉与叶缘之间，排列呈“V”字形，无囊群盖，隔丝与孢子囊等长。

分　　布　我国海南（白沙、保亭、昌江、东方、乐东、陵水、琼中、五指山）、广东、广西、云南；国外分布于柬埔寨、印度、印度尼西亚、老挝、缅甸、尼泊尔、斯里兰卡、泰国、越南，生于密林中的山谷溪流旁，海拔 200～1 200 m。

优先保护理由　该种分布广泛，形态变化较大，具有较高的观赏和科学研究价值，国家二级重点保护植物。

保护建议与措施　建议加强就地保护，开展孢子繁育和迁地保护为辅。

⊙ 舒江平　拍摄/海南

41 海南椴

Diplodiscus trichospermus (Merr.) Y. Tang, M. G. Gilbert & Dorr

分类地位 锦葵目（Malvales）、锦葵科（Malvaceae）、独子椴属（*Diplodiscus*）

识别特征 灌木或小乔木，高达 15 m，树皮灰白色。叶薄革质，卵圆形，基出脉 5～7 条。叶柄长 2.5～5.5 cm，被毛。圆锥花序顶生，长达 26 cm，有花多数，花序柄密被星状短茸毛。花柄长 5～7 mm，被毛。苞片小，早落。花萼 2～5 裂，裂齿大小不等，外面密被淡黄色星状柔毛。花瓣黄白色，倒披针形，雄蕊 20～30 枚，花丝基部连成 5 束，无毛。退化雄蕊 5 枚。蒴果倒卵形，有 4～5 棱，长 2～2.5 cm，熟时 4～5 片室背开裂，果片有深槽，内面无毛，外面密被淡黄色星状短柔毛。花期秋季，果期冬季。

分布 我国海南（昌江、三亚）、广西等地，生于中海拔的山地疏林中，模式标本采自海南崖县风岭。

优先保护理由 国家二级重点保护植物。

保护建议与措施 禁止乱砍滥伐。

⊙ 袁浪兴 拍摄/海南

42 盾叶秋海棠
Begonia peltatifolia H. L. Li

分类地位 葫芦目（Cucurbitales）、秋海棠科（Begoniaceae）、秋海棠属（*Begonia*）

识别特征 多年生肉质草本，根状茎伸长，圆柱状，扭曲，表面不平整，长约 4 cm，节密，被膜质褐色鳞片和粗壮纤维状之根。单叶基生，盾形，具长柄，叶片厚纸质，两侧略不等，卵形或椭圆形，长 10～11 cm，宽 7.5～8.5 cm，先端骤然短尾尖，基部圆，略不等，上面褐绿色，有下陷小窝孔，下面有蜂窝状突起，有 10～12 条脉，自叶柄顶端处呈放射状，不直达边缘，网脉极不明显。叶柄长 10～18 cm，有纵棱，托叶早落。花葶高可达 20 cm，有纵棱，花 4～8 朵，呈多回二歧聚伞花序，苞片早落。花单性，雄花花被片 4 枚，外面 2 枚大，近圆形，雄蕊多数，花丝离生，整体呈球状。雌花花被片 2 枚，近圆形，花柱 3 个，离生，柱头 2 裂，平展，密被刺状乳头。蒴果下垂，果梗长 2.2 cm，倒卵球形，长约 1.3 cm，有不等大 3 翅，种子极多数，小，长圆形，淡褐色，无毛。花期 6—7 月，果期 7 月。

分布 我国海南（昌江、东方、白沙、文昌），零星生于石灰岩裸石石缝中，模式标本采自白沙。

优先保护理由 海南特有种，具有重要的科研价值。

保护建议与措施 建议就地保护为主，禁止采挖。

⊙ 郑希龙 拍摄/海南

43 黎氏兰

Cymbidium lii M. Z. Huang，J. M. Yin & G. S. Yang

别　　名　长茎兰

分类地位　天门冬目（Asparagales）、兰科（Orchidaceae）、兰属（*Cymbidium*）

识别特征　大型附生草本。根状茎蔓生，分枝，长达 1.2 m。假鳞茎彼此相距 10～15 cm，茎状，两侧扁平。叶线形舌状，锐尖。花序近直立，具 10～22 朵花。萼片黄绿色，花瓣黄绿色，中央具一条从基部到中部延伸的红色带，唇瓣红色，基部略带奶油黄色，中间裂片中心亮黄色，侧裂片上密集奶油色条纹，胼胝体呈奶油色。蕊柱红色，药帽淡黄色。蒴果椭圆形。

分　　布　我国海南（琼中），生于溪谷旁岩石上。

优先保护理由　海南特有种，国家一级重点保护植物，列入 CITES 公约附录Ⅱ。极具科学价值，具有较高的观赏价值。

保护建议与措施　就地保护为主，禁止采挖，建议加强人工扩繁，减少野外种群压力。

⊙ 黄明忠　拍摄/海南

44 七指蕨

Helminthostachys zeylanica（L.）Hook.

分类地位 瓶尔小草目（Ophioglossales）、瓶尔小草科（Ophioglossaceae）、七指蕨属（*Helminthostachys*）

识别特征 蕨类植物，地生草本。根状茎肉质，横走，粗达 1 cm，有很多肉质的粗根，靠近顶部生出 1 枚或 2 枚叶。叶柄为绿色，草质，长 20～40 cm，基部有两片长圆形淡棕色的托叶。营养叶片 3 裂，基部往往狭而下延，叶片宽掌状，各羽片向基部渐狭，向顶端为渐尖头，边缘为全缘或稍有锯齿。叶薄草质，无毛，中肋明显，上面凹陷，下面凸起，侧脉分离，密生，斜向上，达于叶边。孢子囊穗单生，通常高出不育叶，孢子囊环生于囊托，形成细长圆柱形。

分　　布 我国海南（白沙、保亭、儋州、定安、临高、琼海、琼中、万宁、五指山）、广东、云南、台湾；国外分布于柬埔寨、印度、日本、老挝、菲律宾、斯里兰卡、泰国、越南、澳大利亚热带地区、太平洋岛屿，生于低海拔森林、沼泽边缘。

优先保护理由 外形奇特，具有观赏和药用价值，易受人为采挖和环境干扰，属于濒危（EN）物种，国家二级重点保护植物。

保护建议与措施 建议加强保护区就地保护，急需开展孢子繁育和无性繁殖研究，复壮野外居群。

⊙ 郑希龙　拍摄/海南

45 矮琼棕

Chuniophoenix humilis C. Z. Tang & T. L. Wu

别名 小琼棕

分类地位 棕榈目（Arecales）、棕榈科（Arecaceae）、琼棕属（*Chuniophoenix*）

识别特征 丛生灌木状，高 1.5～2 m。茎圆柱形，直径约 1 cm，向上部渐增粗，紫褐色，被残存的褐色叶鞘。叶扇状半圆形，裂片 4～7 片，中央裂片较大，最外侧的裂片最小，深裂几达基部。叶柄长 26～55 cm，上面具凹槽，背面凸起。叶鞘包茎，叶落后残存于茎上。花序自叶腋抽出，长 20～27 cm，花序轴上有苞片（一级佛焰苞）3～5 枚，管状，顶端一侧开裂，急尖，背面具骨龙凸起。小苞片（小佛焰苞）淡棕色、斜漏斗状，内有花 1～2 朵。花两性，淡黄色，直径约 7 mm，略有香气。花萼膜质，筒状，花瓣 3，披针形，基部合生。果实扁球形，直径约 1.2 cm，高 1 cm，成熟时鲜红色，外果皮光滑，中果皮肉质。种子近球形。花期 4—5 月，果期 8 月。

分布 我国海南陵水吊罗山；国外分布于越南，生于低地雨林。

优先保护理由 海南特有种，树形优美，庭院观赏树种，国家二级重点保护植物。

保护建议与措施 建议就地保护为主，禁止采挖野生个体，人工扩繁用于园林。

⊙ 郑希龙 拍摄/广州

46 坝王栎

Quercus bawanglingensis C. C. Huang, Ze X. Li & F. W. Xing

别　　名　霸王栎

分类地位　壳斗目（Fagales）、壳斗科（Fagaceae）、栎属（*Quercus*）

识别特征　常绿乔木，高 6～8 m。叶螺旋状互生，托叶早落。叶片略硬纸质，椭圆形，基部两侧略不对称，叶缘有小锯齿，叶柄长 5～8 mm。花单性，雌雄同株。雌花序为下垂葇荑花序，雌花单生于总苞内，花被杯形。雄花序下垂或半下垂，花丝细长。果序长 3～6 mm，通常有成熟壳斗 1 个，壳斗浅碗形，包着坚果 1/3～1/4，高 3～5 mm，口径 9～12 mm，小苞片紧贴，被灰白色微柔毛及蜡鳞。坚果宽椭圆形，无毛。

分　　布　我国海南东方俄贤岭，生于海拔 900 m 石灰岩山地。

优先保护理由　海南特有种，为优良用材，全株具有重要经济价值，国家二级重点保护植物。

保护建议与措施　建议就地保护为主，禁止乱砍滥伐。

⊙ 袁浪兴　拍摄/海南

47 保亭花

Wenchengia alternifolia C. Y. Wu & S. Chow

别　　名 连丝果

分类地位 唇形目（Lamiales）、唇形科（Lamiaceae）、保亭花属（*Wenchengia*）

识别特征 矮小亚灌木。茎圆，中实，高 25～40 cm，节间极短，下段木化部分几不具叶，仅而留有肾形叶痕。叶具长柄，叶片倒披针形，先端钝，基部楔形下延，边缘浅波状，几无毛。总状花序顶生，苞片线状披针形，花萼漏斗形，5 浅齿，花冠粉红色，斜管状钟形，冠檐二唇形，上唇小，下唇大，3 深裂，雄蕊 4，花丝着生于花冠筒上。小坚果 4，倒卵形，背腹向压扁。种子倒卵形，种皮近革质，光滑。花期 9 月，果期 9—11 月。

分　　布 我国海南保亭，模式标本采自海南保亭，生于海拔 400 m 的热带密林。

优先保护理由 海南特有种，国家二级重点保护植物。

保护建议与措施 建议迁地和就地保护相结合，禁止采挖。

⊙ 郑希龙　拍摄/海南

48 巴戟天

Morinda officinalis How

分类地位 龙胆目（Gentianales）、茜草科（Rubiaceae）、巴戟天属（*Morinda*）

识别特征 藤本，肉质根不定位肠状缢缩，根肉略紫红色，干后紫蓝色。叶对生，纸质，干后棕色，长圆形，边全缘。叶柄长 4～11 mm，下面密被短粗毛。头状花序生于枝顶，基部常具 1 枚总苞片。花序具花 4～10 朵，花无花梗，两性，花萼下部合生，花冠白色，近钟状，顶部收狭而呈壶状，檐部通常 3 裂。聚花核果，熟时红色，扁球形或近球形，直径 5～11 mm，核果内面具种子 1 枚，果柄极短。种子熟时黑色，略呈三棱形，无毛。花期 5—7 月，果熟期 10—11 月。

分布 我国福建、广东、海南、广西等省区的热带和亚热带地区，中南半岛也有分布，生于山地疏、密林下和灌丛中，常攀于灌木或树干上。

优先保护理由 本种是现代中药巴戟天的原植物，采挖十分严重，为国家二级重点保护植物。

保护建议与措施 建议就地保护为主，禁止采挖。

⊙ 郑希龙 拍摄/海南

49 海南开唇兰

Anoectochilus hainanensis H.Z.Tian, F. W. Xing & L. Li

别　　名　海南金线兰

分类地位　天门冬目（Asparagales）、兰科（Orchidaceae）、开唇兰属（*Anoectochilus*）

识别特征　地生草本植物，高约 12 cm，具 3～4 枚叶。叶片卵形，长 3～3.5 cm，宽 1.5～2.2 cm，下面墨绿色，具金色网脉。花序被毛，具 4～6 朵花，花白色，向上翻转。花苞片卵状披针形，中萼片卵状椭圆形，侧萼片椭圆形，偏斜，花瓣椭圆状镰形，绿色具白色边缘，唇瓣呈“Y”字形，边缘具 7～9 条流苏，前唇 2 裂，小裂片之间成锐角，舌状椭圆形，距圆锥形，长约 0.8 cm。花期 12 月至翌年 2 月。

分　　布　我国海南特有种，生于山地林下阴湿地区。

优先保护理由　具有药用价值、园艺观赏价值，为国家二级重点保护植物，列入 CITES 公约附录 II。

保护建议与措施　建议迁地保护和就地保护同时进行，加强人工扩繁，种群复壮。

⊙ 陈利君　拍摄/深圳

50 坝王远志

Polygala bawanglingensis F. W. Xing & Z. X. Li

分类地位 豆目（Fabales）、远志科（Polygalaceae）、远志属（*Polygala*）

识别特征 灌木，高约 50 cm。单叶互生，叶片纸质，倒卵形或椭圆形，先端钝，具短尖头，基部楔形，边全缘，两面无毛，叶柄长 1～2 cm。总状花序长约 5 cm，无毛。花两性，左右对称，具小苞片 3 枚。萼片 5 枚，不等大，花瓣 3，黄色，侧生花瓣椭圆形，中部以下与龙骨瓣合生，龙骨瓣具舟状鸡冠状附属物，雄蕊 8 枚，花丝 1/4 以下合生成鞘，并贴生于花瓣上。蒴果倒心形，直径约 4 mm，边缘具翅；种子 2 粒，椭圆形，黑色，密被白色柔毛，具种阜和附属物。花果期 5—6 月。

分布 我国海南昌江，生于海拔约 1 000 m 的石灰岩石缝中，少见。

优先保护理由 海南特有种，数量十分稀少。

保护建议与措施 建议就地保护为主，禁止采挖。

⊙ 袁浪兴 拍摄/海南

51 海南大戟

Euphorbia hainanensis Croizat

分类地位 金虎尾目(Malpighiales)、大戟科(Euphorbiaceae)、大戟属(*Euphorbia*)

识别特征 灌木，高达 1 m，无毛，具乳状汁液。幼枝草质，中空。叶互生，较小，椭圆形，先端圆或近下凹，边全缘，两面光滑，无毛，薄纸质。叶柄长 2～4 cm，托叶腺点状。杯状聚伞花序单生，具短柄，总苞阔钟状，边缘 4 裂，腺体 3，淡黄色，肉质，全缘。雄花无花被，仅 1 枚雄蕊，雌花无花被，花柱 3，基部 2/3 合生，柱头不分裂。蒴果卵状三棱形，成熟时分裂为 3 个分果片。花果期 6 月。

分布 我国海南（昌江、东方、乐东），生于海拔 900 m 石灰岩岩石中。

优先保护理由 我国海南特有种，分布范围狭窄。

保护建议与措施 建议就地保护为主，禁止乱砍滥伐。

⊙ 郑希龙 拍摄/海南

52 见血封喉

Antiaris toxicaria Lesch.

别名 箭毒木

分类地位 蔷薇目（Rosales）、桑科（Moraceae）、见血封喉属（*Antiaris*）

识别特征 常绿乔木，高可达 40 m。单叶互生，排成两列，长椭圆形，先端渐尖，基部两侧不对称，表面深绿色，背面浅绿色，干后变为茶褐色。叶脉羽状，叶柄短，托叶早落。花雌雄同株，雄花序托盘状，肉质，围以覆瓦状排列的苞片，雄花花被裂片 4，裂片匙形，雄蕊 3～8 枚，直立，内藏，无退化雄蕊。雌花单生，藏于梨形花托内，为多数苞片包围，无花被，子房 1 室，胚珠自室顶悬垂。核果梨形，具宿存苞片，成熟的核果直径约 2 cm，红色。种子无胚乳，外种皮坚硬。花期 3—4 月，果期 5—6 月。

分布 我国海南、广东、广西、云南；国外分布于越南、泰国、缅甸、印度、斯里兰卡、马来西亚、印度尼西亚，生于中海拔山地。

优先保护理由 汁液有剧毒，具有重要的科研科普价值，野外十分少见。

保护建议与措施 禁止乱砍滥伐。

⊙ 郑希龙 拍摄/海南

53 海南风吹楠

Horsfieldia hainanensis Merr.

别　　名　假玉果、大叶风吹楠、水枇杷

分类地位　木兰目（Magnoliales）、肉豆蔻科（Myristicaceae）、风吹楠属（*Horsfieldia*）

识别特征　常绿乔木，高 9～15 m。小枝密被锈色星状毛，老枝棕褐色，无毛，髓中空。叶坚纸质至近革质，易折碎，干时褐色，常密布泡状凸起的小粒，叶边全缘。雄花序腋生，呈圆锥花序状，苞片密被锈色星状柔毛，成熟时脱落。小花密集成团，几乎无梗。雌花序腋生，密被锈色星状柔毛，老时渐脱。花梗与花等长，花蕾圆球形，花被 3～5 裂，厚革质。果单生，椭圆形，黄色，果皮肉质较厚，光滑。果柄冠以宿存、不规则的花被片。假种皮肉质，红色。花期 5—8 月，果期 7—11 月。

分　　布　我国海南（昌江、保亭、白沙、陵水、万宁、琼中）、广西和云南；国外分布于泰国、印度，生于海拔 400～750 m 的山谷季雨林中。

优先保护理由　是重要的工业油料植物，过度采伐和破坏，很少见。自然条件下，其种子萌发率低，种群更新容易受阻。

保护建议与措施　建议迁地保护和就地保护相结合，加强人工繁育，减少野外砍伐。

⊙ 郑希龙　拍摄/海南

54 拟石斛

Oxystophyllum changjiangense (S. J. Cheng & C. Z. Tang) M. A. Clements

别　　名 昌江石斛、肉质花石斛

分类地位 天门冬目（Asparagales）、兰科（Orchidaceae）、拟石斛属（*Oxystophyllum*）

识别特征 附生草本，植株具匍匐根状茎和直立的茎，茎疏散地生于根状茎上，长 6～9 cm，粗 2～4 mm，近木质，完全被叶鞘所包裹。叶二列，斜立，厚肉质，紧密套叠，两侧压扁呈短剑状，长 3～5 cm，宽 6～10 mm，基部具鞘，与叶鞘相连接处具 1 个关节。花序顶生，长约 1 cm，为密集的短总状花序，具数朵花。花苞片膜质，宽卵形，花紫黑色，厚肉质，开展，中萼片椭圆形，侧萼片斜卵状三角形，基部歪斜，萼囊较大，花瓣长圆形，先端近浑圆并且具短突，唇瓣舌状，厚肉质，蕊柱深紫色。花期 5—12 月。

分　　布 我国海南万宁、三亚、东乐、昌江、陵水、定安、保亭、白沙、东方；国外分布于印度尼西亚，生于山地疏林中树干和岩石上。

优先保护理由 该属在我国仅此 1 种，海南特有物种，极具科学价值，具有较高的观赏价值。列入 CITES 公约附录 II。

保护建议与措施 建议迁地保护和就地保护相结合，加强人工繁育，减少野外采挖。

⊙ 陈利君　拍摄/深圳

55 海南钻喙兰

Rhynchostylis gigantea (Lindl.) Ridl.

分类地位 天门冬目(Asparagales)、兰科(Orchidaceae)、钻喙兰属(*Rhynchostylis*)

识别特征 附生草本，根肥厚，粗达 1 cm，茎直立，长 4～13 cm，具数节，不分枝，具多枚 2 列的叶。叶片宽带状，外弯，长 20～40 cm，先端两侧具不等的 2 圆裂，基部具抱茎的鞘。花序 2～4 个腋生，比叶短，花序柄粗壮，密生数朵花，花白色带紫红色斑点。花苞片宽卵形萼片椭圆状长圆形，花瓣长圆形，比萼片小，唇瓣深紫红色，贴生在蕊柱足上，向外伸展，近倒卵形，基部具 1 对脊，上部 3 裂，侧裂片圆形，直立，中裂片比侧裂片小，先端稍凹缺，唇盘有疣状凸起，距狭圆锥形，长约 0.5 cm，蕊柱长约 0.4 cm。花期 1—4 月。

分布 我国海南（陵水、三亚、昌江、白沙、澄迈）；国外分布于越南、老挝、柬埔寨、缅甸、泰国、马来西亚、新加坡、印度尼西亚，生于山地疏林中树干上。

优先保护理由 我国仅海南有分布，科学及文化意义大，经济价值较高，且具有较高观赏价值，列入 CITES 公约附录Ⅱ。

保护建议与措施 建议迁地保护和就地保护相结合，加强人工繁育，减少野外采挖。

⊙ 陈利君、郑希龙 拍摄/海南

56 血叶兰

Ludisia discolor（Ker Gawl.） A. Rich.

别　　名 异色血叶兰

分类地位 天门冬目（Asparagales）、兰科（Orchidaceae）、血叶兰属（*Ludisia*）

识别特征 地生兰，植株高 10～25 cm。根状茎伸长，匍匐，具节。叶片卵形或卵状长圆形，肉质，上面黑绿色，具 5 条金红色有光泽的脉，背面淡红色。总状花序顶生，具数朵花，花苞片带淡红色，膜质，花白色或带淡红色，直径约 7 mm。中萼片卵状椭圆形，凹陷呈舟状，与花瓣黏合呈兜状，侧萼片偏斜的卵形，背面前端有很短的龙骨状凸起。花瓣近半卵形，先端钝，唇瓣下部与蕊柱的下半部合生成管，基部具囊，上部通常扭转，唇瓣基部的囊 2 浅裂，囊内具 2 枚肉质胼胝体；蕊柱长约 5 mm，下部变细，顶部膨大。花期 2—4 月。

分　　布 我国海南、广东、香港、广西和云南南部；国外分布于缅甸、越南、泰国、马来西亚、印度尼西亚等地，生于海拔 900～1 300 m 的山坡或沟谷常绿阔叶林下阴湿处。

优先保护理由 全草民间药用，采挖严重，国家二级重点保护植物。

保护建议与措施 建议迁地保护和就地保护相结合，加强人工繁育，减少野外采挖。

⊙ 郑希龙　拍摄/海南

57 海南石斛

Dendrobium hainanense Rolfe

别　　名　海南金丝草

分类地位　天门冬目（Asparagales）、兰科（Orchidaceae）、石斛属（*Dendrobium*）

识别特征　多年生附生草本，茎质地硬，扁圆柱形，长 10～30 cm，粗 2～3 mm，不分枝，具多个节，节间稍棒状，长约 1 cm。叶厚肉质，2 列互生，半圆柱形，长 2～2.5 cm，宽 0.1～0.2 cm，先端钝，基部扩大呈抱茎的鞘，中部以上向外弯。花小，白色，单生于落叶的茎上部。花苞片卵形，中萼片卵形，侧萼片卵状三角形，先端锐尖，基部十分歪斜，具 3 条脉。萼囊长约 10 mm，弯曲向前，花瓣狭长圆形，先端急尖，具 1 条脉。唇瓣倒卵状三角形，基部具爪，唇盘中央具 3 条较粗的脉纹从基部到达中部。蕊柱长 1～1.5 mm。花期 9—10 月。

分　　布　我国海南（三亚、陵水、琼中、昌江、白沙、定安）、香港；国外分布于越南、泰国，生于山地阔叶林中树干上。

优先保护理由　极小种群，国家二级重点保护植物，列入 CITES 公约附录 II。极具科学价值，具有较高的观赏价值。

保护建议与措施　建议迁地保护和就地保护相结合，加强人工繁育，减少野外采挖。

⊙ 郑希龙　拍摄/海南

58 海南暗罗

Monoon laui (Merr.) B. Xue et R. M. K. Saunders

别　　名　海南单籽暗罗

分类地位　木兰目（Magnoliales）、番荔枝科（Annonaceae）、单籽暗罗属（*Monoon*）

识别特征　乔木，高达 15 m。叶纸质或革质，长圆形或长圆状椭圆形，长 8～20 cm，宽 3.5～8 cm，两面无毛而有光泽。侧脉 14～18 对，到达边缘。花淡黄色，数朵簇生于瘤状的老枝上。花大，单朵腋生。总果柄粗，长 3.5～4 cm；果椭圆形，成熟时红色。花期 4—7 月，果期 10 月至翌年 1 月。

分　　布　我国海南；国外分布于越南，生于低海拔至中海拔的山地常绿阔叶林中。

优先保护理由　我国仅见于海南，材用植物，数量稀少。

保护建议与措施　就地保护为主，禁止乱砍滥伐。

⊙ 李伟杰　拍摄/海南

59 小钩叶藤

Plectocomia microstachys Burret

分类地位 棕榈目（Arecales）、棕榈科（Arecaceae）、钩叶藤属（*Plectocomia*）

识别特征 攀援性藤本，一次性开花结实后死去。植株相对较小，带鞘茎粗约2 cm。叶鞘管状，有针状刺，叶羽状全裂，羽片长约1 m，顶端具爪刺纤鞭，羽片不规则排列，上面绿色，背面被白粉，边缘疏被微刺，边缘的肋脉几与中脉等粗；叶鞘具稍密的针状刺。雌雄异株，雌雄花序相似，二回分枝，穗状，下垂。一级佛焰苞管状，二级佛焰苞为内凹的苞片状，两面无毛，较小。雄小穗轴上花较多，雌小穗轴上花较小，均具小苞片。雄花花萼3深裂，花瓣披针形，雄蕊6。花期12月。

分布 我国海南定安、琼中、保亭等地，生于海拔 300～1 000 m的热带雨林。

优先保护理由 我国特有种，具有重要的科研价值，为国家二级重点保护植物。

保护建议与措施 建议就地保护为主，禁止砍伐。

⊙ 袁浪兴 拍摄/海南

60 小叶地不容

Stephania succifera H. S. Lo & Y. Tsoong

别　　名　金不换

分类地位　毛茛目（Ranunculales）、防己科（Menispermaceae）、千金藤属（*Stephania*）

识别特征　落叶藤本，长 2～5 m，全株无毛，枝、叶含红色液汁。块根球状，硕大，浮露地面，外皮褐色，粗糙，内面淡褐黄色。叶盾状着生于叶片近基部，掌状脉约 10 条。叶片纸质，三角状卵圆形，顶端具小凸尖；叶柄长通常 3～5 cm。花序腋生，雄花序为复伞形聚伞花序，花序梗长 6～8 cm，雄花萼片 6，排成 2 轮，花瓣 3，紫色，贝壳状，基部两侧内折。聚药雄蕊。果序为稍紧密的复伞形聚伞状，伞梗长通常不超过 1 cm。核果果核倒卵圆形，背部有 4 列短而扁的钩刺状凸起。花期 3 月。

分　　布　我国海南，模式标本采自琼中毛阳，生于林下多石砾的地方。

优先保护理由　因块根含多种生物碱，海南民间常用药，采挖严重而稀少。

保护建议与措施　建议就地保护为主，禁止采挖。

⊙ 袁浪兴　拍摄/海南

61 海南韶子

Nephelium topengii (Merr.) H. S. Lo

别名 酸古蚁

分类地位 无患子目（Sapindales）、无患子科（Sapindaceae）、韶子属（*Nephelium*）

识别特征 常绿乔木，高可达 20 m。小枝干时红褐色，常被微柔毛。偶数羽状复叶，有柄，互生，小叶 2～4 对，薄革质，长圆形或长圆状披针形，顶端短尖，边全缘，侧脉 10～15 对，直而近平行。聚伞圆锥花序，花序多分枝，花小，单性。雄花序与叶近等长，雌花序较短。果椭圆形，红黄色，连刺长约 3 cm。

分布 我国海南，是低海拔至中海拔地区森林中常见树种之一。

优先保护理由 海南特有种，材用树种，且果皮和树皮均含单宁，因经济用途砍伐而数量日渐稀少。

保护建议与措施 建议就地保护为主，禁止乱砍滥伐。

⊙ 袁浪兴 拍摄/海南

62 五唇兰

Phalaenopsis pulcherrima（Lindl.）J. J. Sm.

分类地位 天门冬目（Asparagales）、兰科（Orchidaceae）、蝴蝶兰属（*Phalaenopsis*）

识别特征 附生草本，茎短，具3～6枚近基生的叶。叶上面绿色，背面淡紫色，长圆形，长5～7.5 cm，宽1.5～2.0 cm，基部具彼此套叠的鞘。花序直立，高出叶外，长达38 cm，疏生多朵花，花萼片和花瓣淡紫色。花苞片卵形，中萼片长圆形，侧萼片稍斜卵状三角形，萼囊圆锥形，短而宽，花瓣近倒卵形，唇瓣5裂，基部具弯曲向上而长约0.4 cm的爪，爪的两侧具2枚直立、长方形、长约0.4 cm的棕红色侧生小裂片，中裂片大，位于爪的末端，其基生裂片直立，棕红色，近半圆形，长、宽约0.6 cm，顶裂片淡紫色，舌状，上面具3～4条肉质褶片。蕊柱长约0.7 cm。花期7—8月。

分　　布 我国海南（三亚、乐东等地）；国外分布于印度东北部、缅甸、老挝、柬埔寨、越南、泰国、马来西亚、印度尼西亚，生于密林或灌丛中，常见于覆有土层的岩石上。

优先保护理由 海南特有种，极具科学价值和较高的观赏价值，极小种群，列入CITES公约附录Ⅱ。

保护建议与措施 建议迁地保护和就地保护相结合，加强人工繁育，禁止野外采挖。

⊙ 陈利君 拍摄/深圳　　郑希龙 拍摄/海南

63 野荔枝

Litchi chinensis Sonn.

分类地位 无患子目（Sapindales）、无患子科（Sapindaceae）、荔枝属（*Litchi*）

识别特征 常绿乔木，高可达 15 m，树皮灰黑色。小枝圆柱状，褐红色，密生白色皮孔。偶数羽状复叶，互生，无托叶。叶连柄长 10～25 cm，小叶 2～3 对，革质，卵状披针形，长 6～15 cm，宽 2～4 cm，边全缘，腹面深绿色，有光泽，背面粉绿色，两面无毛，侧脉常纤细，小叶柄长 7～8 mm。聚伞圆锥花序顶生，阔大，多分枝，被金黄色短茸毛；花梗纤细，长 2～4 mm。花单性，雌雄同株，辐射对称。花萼杯状，被金黄色短绒毛。无花瓣，花盘蝶状，全缘。雄蕊 6～7 枚，伸出，花丝线状，雌花子房 2 裂，密覆小瘤体和硬毛。果深裂，仅 1～2 个发育，卵圆形至近球形，成熟时暗红色。种子全部被肉质假种皮包裹，种皮光亮，革质。花期春季，果期夏季。

分布 我国海南、云南，生于热带森林中。

优先保护理由 该属我国仅此一种，栽培居多，野生种群小。著名果树资源，具有重要科研价值。

保护建议与措施 建议就地保护为主，禁止乱砍滥伐。

⊙ 郑希龙 拍摄/海南

64 南洋石韦

Pyrrosia longifolia（Burm. f.）Morton

分类地位 水龙骨目（Polypodiales）、水龙骨科（Polypodiaceae）、石韦属（*Pyrrosia*）

识别特征 蕨类植物，附生草本。植株高20～50 cm。根状茎细长横走，密被阔卵形鳞片。鳞片淡棕色，全缘。叶远生。叶柄长1.5～5 cm，下部近褐色向上棕色，除基部被鳞片外，其余光滑。叶片近狭长舌状至宽带形，长16～60 cm，肉质，全缘，上表面近光滑，下表面密被厚层淡棕色的星状毛。主脉在下面明显隆起，上面凹陷，小脉网状，网眼内有内藏小脉，不显。孢子囊群近圆形，着生于内藏小脉顶端，在着陆生处呈穴状下陷，成熟时开裂而彼此密接，聚生于叶片中上部，无盖，幼时被星状毛覆盖。

分　　布 我国海南（保亭、儋州、定安、东方、乐东、陵水、三亚、万宁）；国外分布于柬埔寨、印度尼西亚、老挝、马来西亚、缅甸、新几内亚、菲律宾、新加坡、泰国、越南、亚洲西南部、澳大利亚、太平洋岛屿，生于热带雨林树干上。

优先保护理由 具有较高的观赏价值，常应用于室内园林设计。野生居群数量极少，国内目前仅有海南有分布，属于濒危（EN）物种，是蕨类植物中研究景天酸代谢光合作用的模式植物，具有重要的科学研究价值。

保护建议与措施 建议就地保护为主，迁地保护为辅，开展孢子繁育研究。

⊙ 严岳鸿　拍摄/海南

65 海南莲座蕨

Angiopteris hainanensis Ching

分类地位 合囊蕨目（Marattiales）、合囊蕨科（Marattiaceae）、观音座莲属（*Angiopteris*）

识别特征 蕨类植物，地生高大草本。叶二回羽状。羽片为阔倒披针形，长 50～60 cm，中部以上最宽，下部渐狭，柄长 3～6 cm，基部稍膨大并呈深褐色。小羽片 16～18 对，下部的近对生而平展，上部的互生，斜向上，披针形，顶部的最大，近基部最宽，向顶端渐狭。下部的小羽片渐缩短，先端长渐尖，基部圆楔形而稍不对称，边缘几全缘，小羽柄短，长 1～1.5 cm，顶生小羽片基部呈阔楔形，有长达 2 cm 的柄。叶为薄纸质，下面中肋及其附近的叶面上被浅褐色疏鳞片。叶轴暗褐而略带红色，光滑无毛，被疏鳞片。叶脉两面均明显，黑褐色，倒行假脉短，仅略超过孢子囊群。孢子囊群长圆形，长约 1 mm，有孢子囊 12～18 个，靠近叶缘。小羽片的基部两侧及尖端不育。

分　　布 我国海南（昌江、儋州、乐东、琼中），生于密林中。

优先保护理由 是海南特有种，该种野外较难识别区分，种群数量和分布信息数据较少，急需进一步深入调查研究，为国家二级重点保护植物。

保护建议与措施 建议加强就地保护，开展孢子繁育和无性繁殖研究，进行迁地保护，回归复壮野外居群。

⊙ 王婷　拍摄/海南

66 乐东拟单性木兰

Parakmeria lotungensis（Chun et C. H. Tsoong）Y. W. Law

分类地位 木兰目（Magnoliales）、木兰科（Magnoliaceae）、拟单性木兰属（*Parakmeria*）

识别特征 常绿乔木，高达 30 m，各部无毛。小枝节间密而呈竹节状，当年生枝绿色。叶革质，倒卵状椭圆形，长 6～11 cm，宽 2～3.5 cm，上面深绿色，有光泽，边全缘。叶柄长 1～2 cm，无托叶痕。花诞生枝顶，杂性，雄花和两性花异株。雄花花被片 9～14，外轮浅黄色，内轮白色，较狭小。雄蕊 30～70 枚，着生在圆锥状花托上，花丝短，花药线形；两性花花被片与雄花同形而较小，雄蕊 10～35 枚，具明显的雌蕊群柄，心皮发育时相互愈合。聚合蓇葖果卵状长圆形，长 3～6 cm，蓇葖木质，沿背缝及顶端开裂。种子椭圆形，外种皮红色。花期 4—5 月，果期 8—9 月。

分布 我国海南（乐东、东方、昌江、五指山）、江西、福建、湖南、广东北部、广西、贵州，生于海拔 800～1 200 m 的山地雨林中，海南五指山为模式产地。

优先保护理由 很少见，庭院观赏，科研价值高，果结实率较低，天然更新差。

保护建议与措施 建议迁地保护和就地保护相结合，禁止乱砍滥伐，加强人工繁育和种群复壮。

⊙ 邓双文 拍摄/广州

67 油丹

Alseodaphnopsis hainanensis（Merr.）H. W. Li & J. Li

分类地位 樟目（Laurales）、樟科（Lauraceae）、北油丹属（*Alseodaphnopsis*）

识别特征 常绿乔木。除幼嫩部分有柔毛外全体无毛。枝圆柱形，干时明显灰白色。叶片聚集于枝顶，革质，长椭圆形，长 6～10 cm，羽状脉 12～17 对，先端急尖，边全缘。叶柄粗壮，长 1～1.5 cm。花序圆锥状，生于枝条上部叶腋内，长 3.5～8 cm，苞片及小苞片早落，花两性，3 数，花梗果时增粗。花被筒短，裂片 6，稍肉质，长圆形，能育雄蕊 9，3 轮，花药 4 室，与花丝等长，花丝基部有 1 对具柄腺体，退化雄蕊明显。果梗肉质，长 1.2～2 cm，果实球形或卵圆形，直径 1.5～2.5 cm。花期 7 月，果期 10 月至翌年 2 月。

分布 我国海南（乐东、昌江、白沙、五指山、保亭、陵水、万宁、琼中）；国外分布于越南，生于海拔 1 400～1 700 m 的林谷或密林中。

优先保护理由 海南特有种，重要材用树种，由于林地开垦和人工过度砍伐导致自然种群过小，为国家二级重点保护植物。

保护建议与措施 禁止乱砍滥伐。

⊙ 郑希龙 拍摄/海南

68 竹枝石斛

Dendrobium salaccense（Blume）Lindl.

分类地位 天门冬目（Asparagales）、兰科（Orchidaceae）、石斛属（*Dendrobium*）

识别特征 多年生附生草本，茎丛生，似竹枝，直立，圆柱形，长达 1 m 余，粗 3～4 mm，近木质，不分枝，具多节。节间长 2～2.5 cm，被叶鞘所包裹。叶二列，狭披针形，长 10～14.5 cm，宽 0.7～1.1 cm，向先端渐尖，基部收窄为叶鞘，叶鞘与叶片相连接处具 1 个关节。总状花序与叶对生并且穿鞘而出，具 1～4 朵花，花序柄很短，基部被 2～3 枚苞片，花苞片淡褐色，花小，黄褐色，开展。中萼片近椭圆形，侧萼片斜卵状披针形，萼囊长 6 mm。花瓣近长圆形，唇瓣紫色，倒卵状椭圆形，上面中央具 1 条黄色的龙骨脊，近先端处具 1 个长条形的胼胝体。蕊柱黄色，长约 4 mm。花期 2—4 月。

分布 我国海南（三亚、保亭、昌江、白沙、儋州等）、云南、西藏；国外分布于缅甸、泰国、老挝、越南、马来西亚、印度尼西亚，生于林中树干上或疏林下岩石上。

优先保护理由 因茎似竹枝而得名，具有园艺观赏价值，为国家二级重点保护植物，列入 CITES 公约附录Ⅱ。

保护建议与措施 建议迁地保护和就地保护相结合，禁止采挖，加强人工繁育和种群复壮。

⊙ 陈利君、郑希龙 拍摄/海南

69 雪香兰

Hedyosmum orientale Merr. & Chun

分类地位 金粟兰目（Chloranthales）、金粟兰科（Chloranthaceae）、雪香兰属（*Hedyosmum*）

识别特征 草本或半灌木，高 0.8～2 m；茎直立，无毛。叶膜质或纸质，狭披针形，边缘具细密锯齿，齿尖有一腺体。花单性，雌雄异株。雄花序呈密穗状，具总花梗，3～5 个聚生于枝顶，开花时不连总花梗长 1.5～3.5 cm；苞片长 8～12 mm，雄蕊 1 枚，无花丝，花药长圆形，长约 2 mm，药隔顶端有突出的急尖附属物，长 0.7～1 mm。雌花序顶生或腋生，少分枝，长 1.5～5 cm，宽约 2 cm。苞片大，长 8～12 mm，有多数橙黄色小点，雌花有与子房贴生的 3 齿裂萼管。核果近椭圆状三棱形，绿色，长约 4 mm，紧贴于果上的苞片上部延伸成一长喙。花期 12 月至翌年 3 月，果期 2—6 月。

分布 我国海南，生于海拔 500 m 的山坡、谷地湿润的密林下或灌丛中。

优先保护理由 是海南特有种，列入 CITES 公约附录 II 。

保护建议与措施 建议迁地保护和就地保护相结合，禁止采挖，加强人工繁育和种群复壮。

⊙ 郑希龙 拍摄/海南

70 燕尾蕨

Cheiropleuria bicuspis（Blume）C. Presl

别　　名　二尖燕尾蕨

分类地位　里白目（Gleicheniales）、双扇蕨科（Dipteridaceae）、燕尾蕨属（*Cheiropleuria*）

识别特征　蕨类植物，地生或岩生草本。根状茎短横走，密被淡棕色的多细胞柔毛。叶二型。不育叶柄 20～30 cm 长，可育叶柄 40～50 cm 长。不育叶卵形，常深 2～4 裂，全缘，基部圆形，先端锐尖。叶片基部主脉 6～8 条，小脉交织，内含分子小脉。可育叶单生，椭圆形，厚纸质。除主脉和叶边缘外，密被孢子囊群。隔丝丰富，棒状。

分　　布　我国海南是中国唯一分布区，分布于昌江、东方；国外分布于印度尼西亚、日本、马来西亚、新几内亚、菲律宾、泰国、越南，生于密林上坡上或溪边岩石上。

优先保护理由　植株形态优美，形似燕尾，具有较高的观赏价值，野外种群数量极少，属于濒危（EN）物种。

保护建议与措施　建议开展野外调查，加强就地保护和孢子扩繁，进行迁地保护。

⊙ 张宪春　拍摄/海南

71 苦梓

Gmelina hainanensis Oliv.

别　　名　海南苦梓

分类地位　唇形目（Lamiales）、唇形科（Lamiaceae）、石梓属（*Gmelina*）

识别特征　乔木，高约 15 m，树干直，树皮呈片状脱落，枝条有明显的叶痕和皮孔。单叶对生，厚纸质，全缘，表面亮绿色，无毛，背面粉绿色，被微绒毛，基生脉 3 出，侧脉 3～4 对；叶柄长 2～5 cm，有毛。聚伞花序排成顶生圆锥花序，总花梗长 6～8 cm，被黄色绒毛，苞片叶状，近无柄，两面被灰色绒毛和盘状腺点，花萼钟状，二唇形，外面被毛及腺点，宿存。花冠漏斗状，黄色或淡紫红色，两面均有灰白色腺点，呈二唇形，下唇 3 裂，上唇 2 裂；二强雄蕊。核果倒卵形，顶端截平，肉质，长 2～2.2 cm，生于宿存花萼内。花期 5—6 月，果期 6—9 月。

分　　布　我国海南、江西、广东、广西等地；国外越南也有，模式标本采自海南，生于海拔 250～500 m 的山坡疏林中。

优先保护理由　是优良木材，因砍伐过度而濒危，为国家二级重点保护植物。

保护建议与措施　禁止乱砍滥伐。

⊙ 袁浪兴　拍摄/海南

72 铁凌

Hopea reticulata Tardieu

别　　名 无翼坡垒、铁垒

分类地位 锦葵目（Malvales）、龙脑香科（Dipterocarpaceae）、坡垒属（*Hopea*）

识别特征 常绿乔木，具白色芳香树脂，高约 15 m。树皮平滑，具白色斑块。叶革质，全缘，先端渐尖，叶柄长 6～8 mm。圆锥花序长 6～11 cm；花萼裂片 5 枚，花瓣 5 枚，粉红色，倒卵状椭圆形。雄蕊 15 枚，两轮排列。果实卵圆形，壳薄，无毛，花萼裂片均不增大为翅状。花期 3—4 月，果期 5—6 月。

分　　布 我国海南特有种，分布于海南陵水、万宁、琼中、保亭、三亚，生于海拔 400 m 的丘陵、坡地和山地林中。该物种的地理分布还有待进一步厘清。

优先保护理由 是高级材用树种，过度砍伐导致濒危，自然种群数量少，为国家二级重点保护植物。

保护建议与措施 建议以就地保护为主，禁止乱砍滥伐。

⊙ 袁浪兴　拍摄/海南

73 香子含笑

Michelia gioii（A. Chev.）Sima & H. Yu

分类地位 木兰目（Magnoliales）、木兰科（Magnoliaceae）、含笑属（*Michelia*）

识别特征 乔木，高可达 21 m。小枝黑色，老枝浅褐色，疏生皮孔，芽、嫩叶柄、花梗、花蕾及心皮密被平伏短绢毛。叶揉碎有八角气味，薄革质，网脉细密，侧脉及网脉两面均凸起。花蕾长圆体形，长约 2 cm，花芳香，花被片 9、3 轮，外轮膜质，条形，内两轮肉质，狭椭圆形。雄蕊约 25 枚，雌蕊群卵圆形，心皮约 10 枚，背面有 5 条纵棱。聚合果果梗较粗，长 1.5～2 cm。蓇葖灰黑色，椭圆体形，密生皮孔，顶端具短尖，基部收缩成柄，果瓣质厚，熟时向外反卷，露出白色内皮。种子 1～4 枚。花期 3—4 月，果期 9—10 月。

分布 我国海南（昌江）、广西和云南；国外越南也有分布，生于海拔 300～800 m 的阔叶林。

优先保护理由 很少见，为国家二级重点保护植物，其材质优良，种子可入药或作调料，因此遭到人为大量采伐。

保护建议与措施 建议以就地保护为主，与迁地保护相结合，禁止乱砍滥伐，加强人工繁育和种群复壮。

⊙ 杨科明 拍摄/广州

74 古山龙

Arcangelisia gusanlung H. S. Lo

分类地位 毛茛目（Ranunculales）、防己科（Menispermaceae）、古山龙属（*Arcangelisia*）

识别特征 木质藤本，长可达 10 m 多，木材鲜黄色。小枝圆柱状，有整齐的直线纹，无毛。叶片革质，阔卵形，两面无毛，掌状脉 5 条。叶柄着生在叶片近基部，两端均肿胀。雄花序为圆锥花序，雄花花被 3 轮，每轮 3 片，外轮近卵形，内轮舟状。聚药雄蕊有 9 个花药。果序生于老茎上，果梗粗壮，长 0.7～1.5 cm，果近球形，成熟时黄色，最后变黑色，中果皮肉质，花期夏初。

分　　布 我国海南（三亚、东方、昌江、白沙、保亭、万宁）、云南；国外马来半岛、中南半岛也有分布，生于林中。

优先保护理由 根和茎含有多种生物碱，是重要的药用植物，很少见，为国家二级重点保护植物。

保护建议与措施 建议就地保护为主，禁止采挖。

⊙ 李榕涛　拍摄/海南

75 茴香砂仁

Etlingera yunnanensis（T. L. Wu & S. J. Chen）R. M. Smith

分类地位 姜目（Zingiberales）、姜科（Zingiberaceae）、茴香砂仁属（*Etlingera*）

识别特征 多年生草本，茎粗壮，丛生，株高约 1.8 m，具匍匐状根茎。叶片披针形，两面均无毛。叶柄长约 5 mm。总花梗自根茎生出，上被鳞片。花序头状，贴近地面，形如菊花。总苞片卵形，红色，小苞片管状，花红色，多数，每 6 朵一轮齐放。花萼管状，顶 3 裂。花冠管短于花萼，顶端具 3 裂片，唇瓣基部与花丝基部连合成短管，上部离生部分呈舌状，顶端 2 浅裂，基部扩大，内卷呈筒状，中央紫红色，边缘黄色，突露于花冠之外，类似菊科植物的舌状花，揉之有茴香味，故名茴香砂仁，花期 6 月。

分布 我国特有种，分布于我国海南乐东尖峰岭及陵水吊罗山等地、云南南部（西双版纳），生于海拔约 800 m 的山谷林下或水沟边。

优先保护理由 自然种群数量少，为国家二级重点保护植物。

保护建议与措施 建议就地保护和迁地保护相结合，禁止采挖。

⊙ 郑希龙 拍摄/海南

76 莎草蕨

Schizaea digitata (L.) Sw.

分类地位 莎草蕨目（Schizaeales）、莎草蕨科（Schizaeaceae）、莎草蕨属（*Schizaea*）

识别特征 蕨类植物，地生草本。根状茎短而横走，具多个直立叶。根茎和叶轴上具多细胞棕色毛。叶密生，线形，20～30 cm 高，具不明显的叶柄。中脉明显，干后变弯。基部 2～5 cm 部分似叶柄，横截面三角形。营养叶顶端狭缩，生 5～15 个指状裂片。孢子布满于指状裂片背面，无隔丝。

分布 我国海南（白沙、琼海、琼中、万宁）、广东、台湾、云南；国外分布于印度、日本、缅甸、泰国、越南、马达加斯加到波利尼西亚的古热带地区，生于密林下沙质土壤中。

优先保护理由 野外居群数量极少，海南可能是唯一分布区，属于极危（CR）物种（IUCN）。

保护建议与措施 建议加强野外考察，划定核心保护区进行就地保护，开展孢子繁育研究，进行迁地保护。

⊙ 舒江平 拍摄/海南

77 海南杜鹃

Rhododendron hainanense Merr.

分类地位 杜鹃花目（Ericales）、杜鹃花科（Ericaceae）、杜鹃花属（*Rhododendron*）

识别特征 小灌木，高 1～3 m，分枝多。叶近于革质，集生枝顶，狭披针形，长 2～4 cm，宽 0.3～1.1 cm，先端锐尖，具短尖头，基部楔形，边缘浅波状，下面散生淡黄棕色糙伏毛，叶脉在上面凹陷，在下面凸出。叶柄长 0.3～0.6 cm，被棕褐色糙伏毛。花 1～3 朵顶生，大而显著，花梗密被棕褐色糙伏毛。花萼 5 裂，裂片不等大，长卵形，花冠漏斗形，长 3.5～4.5 cm，红色，花冠管筒状，长 1.8 cm，两面均无毛，5 深裂，裂片开展，倒卵形，顶端圆形。雄蕊 10，不等长，长者伸出于花冠外，花丝线形。蒴果卵球形，长 0.8～1 cm，几无毛。花期 10—12 月，为本属开花期最晚的种，果期为翌年 5—8 月。

分布 我国海南（乐东、五指山、保亭、陵水、万宁、琼中、定安、三亚），广西西部也有分布，生于海拔 300～500 m 的山地、林缘或溪边，模式标本采自海南。

优先保护理由 具有重要的观赏价值，种群数量少。

保护建议与措施 建议就地保护为主，禁止乱砍滥伐。

⊙ 郑希龙 拍摄/海南

78 油楠

Sindora glabra Merr. ex de Wit

别　　名　蚌壳树

分类地位　豆目（Fabales）、豆科（Fabaceae）、油楠属（*Sindora*）

识别特征　常绿乔木，高达 20 m。偶数羽状复叶，有对生小叶 2～4 对。小叶革质，椭圆状长圆形，长 5～10 cm，宽 2.5～5 cm，托叶叶状。花两性，组成圆锥花序，生于小枝顶端之叶腋，长 15～20 cm，密被黄色柔毛。苞片卵形，叶状，与花梗、小苞片、花萼均密被黄色柔毛。萼片 4、2 型，最上面的 1 枚阔卵形，背隆起，有软刺 21～23 枚，其他 3 枚椭圆状披针形，有软刺 6～10 枚。花瓣 1 枚，被包于最上面萼片内，长椭圆状圆形，能育雄蕊 9 枚，两面被紧贴、褐色的粗伏毛。荚果椭圆形，长 5～8 cm，宽约 5 cm，外面有散生硬直的刺，受伤时伤口常有胶汁流出。种子 1 颗，扁圆形，黑色。花期 4—5 月，果期 6—8 月。

分　　布　我国海南特有种，生于中海拔山地的混交林内。

优先保护理由　由于木材性质优良，可供建筑、车辆及家具用材，树脂用于照明，遭到乱砍滥伐，为国家二级重点保护植物。

保护建议与措施　建议就地保护为主，禁止乱砍滥伐。

⊙ 郑希龙　拍摄/海南

79 蝴蝶树

Heritiera parvifolia Merr.

分类地位 锦葵目（Malvales）、锦葵科（Malvaceae）、银叶树属（*Heritiera*）

识别特征 常绿乔木，高可达 30 m，为最上层树种，有明显的板状干基，树皮灰褐色，小枝密被鳞秕。叶互生，椭圆状披针形，长 6～8 cm，宽 1.5～3 cm，顶端渐尖，下面密被鳞秕，侧脉约 6 对。叶柄长 1～1.5 cm。圆锥花序腋生，密被锈色星状短柔毛，花小，单性，白色，花萼 5～6 裂，两面均有星状短柔毛，无花瓣，雄花的雌雄蕊柄短，围绕在雌雄蕊柄的基部。雌花的子房 3～5 个，互相黏合，不育花药位于子房基部。果有长翅，长 4～6 cm，含种子的部分仅长 1～2 cm，翅鱼尾状，顶端钝，宽约 2 cm，密被鳞秕，果皮革质，种子椭圆形。花期 5—6 月。

分布 我国海南保亭、三亚、乐东等县；国外分布于印度、缅甸、泰国，生于海拔 300～500 m 的山地热带雨林。

优先保护理由 材用树种，自然种群过小。

保护建议与措施 建议就地保护为主，禁止乱砍滥伐。

⊙ 郑希龙 拍摄/海南

80 扣树

Ilex kaushue S. Y. Hu

别　　名 苦丁茶

分类地位 冬青目（Aquifoliales）、冬青科（Aquifoliaceae）、冬青属（*Ilex*）

识别特征 常绿乔木，高 8 m。小枝粗壮，近圆柱形，褐色，具纵棱及沟槽。单叶互生，叶片革质，长圆形，长 10～18 cm，宽 4.5～7.5 cm，主脉在叶面凹陷，在背面隆起，且龙骨状，侧脉 14～15 对，两面显著。叶柄长 2～2.2 cm，托叶早落。聚伞状圆锥花序或假总状花序生于当年生枝叶腋内，具缘毛。雌雄异株，雄花聚伞状圆锥花序，每聚伞花序具 3～4 花，雌花子房上位。果序假总状，腋生，轴和果梗粗，果为浆果状核果，球形，直径 0.9～1.2 cm，成熟时红色，宿存花萼伸展，宿存柱头脐状。分核 4，轮廓长圆形，内果皮石质。花期 5—6 月，果期 9—10 月。

分　　布 我国海南（儋州、昌江王下、鹦哥岭）、湖北、湖南、广东、广西、重庆、云南等地，模式标本采自海南儋州市，生于海拔 1 000～1 200 m 山地密林中。

优先保护理由 我国特有种，叶代茶食用。过度采集导致数量少，为国家二级重点保护植物。

保护建议与措施 建议就地保护为主，禁止乱砍滥伐。

⊙ 罗开文　拍摄/广西

81 镰叶盆距兰

Gastrochilus acinacifolius Z. H. Tsi

分类地位 天门冬目（Asparagales）、兰科（Orchidaceae）、盆距兰属（*Gastrochilus*）

识别特征 附生草本植物，茎多少扁圆柱形，通常长 8～11 cm，节间长约 1 cm。叶二列互生，通常镰刀状长圆形，长 7～14 cm，宽 1～2 cm，先端急尖并且具 2 条短芒。伞形花序具数朵花，花序柄几与叶对生，长 1～1.5 cm，上端扩大，基部具 2～3 枚长 1～2 mm 的杯状鞘，花苞片小，三角形，萼片和花瓣淡黄色带紫红色斑点，萼片近等大。花瓣较小，先端钝，前唇白色，边缘多少具不整齐的齿，上面中央增厚呈垫状，垫状物淡黄色带紫红色斑点，后唇白色，外侧具 3 条脊突，上端口缘高于前唇，前端具 1 个宽的凹口和其垂直的两侧边缘。蕊柱长约 3 mm，花期 9—12 月。

分布 我国海南（陵水、琼中、琼海、定安），生于山地林中树干上。

优先保护理由 海南特有种，具有较高的观赏价值，为极小种群，列入 CITES 公约附录Ⅱ。

保护建议与措施 建议迁地保护和就地保护相结合，加强人工扩繁和种群复壮。

⊙ 陈利君、郑希龙 拍摄/海南

82 山铜材

Chunia bucklandioides H. T. Chang

分类地位 虎耳草目（Saxifragales）、金缕梅科（Hamamelidaceae）、山铜材属（*Chunia*）

识别特征 常绿乔木，高达 20 m。树皮粗糙，黑褐色，树干稍挺直，基部常有多数萌蘖枝。小枝粗壮，有明显的节，节上有环状托叶痕。芽体扁圆形，无毛。叶互生，厚革质，具长柄，阔卵圆形，具 5 条掌状脉，边全缘，干后橄榄绿，下面黄绿色，秃净无毛。肉穗状花序生于新枝的侧面，比新叶先开放，纺锤形，长 1.5 cm，花螺旋状紧密排列，花瓣无，雄蕊 8 个，着生在子房外围的垫状环上，花药红色，子房下位，藏于花序轴内。果序长 3～4 cm，通常仅在顶端的 1～3 朵花发育成果实。蒴果卵圆形，木质，室间裂开为 2 片，种子每室 4～6 个，椭圆形，黑褐色，有光泽。

分布 我国海南南部，海拔 300～600 m，潮湿山谷和雨林。

优先保护理由 海南特有的单种属植物，具有重要的科研价值，自然种群过小，被 IUCN 列为濒危物种，为国家二级重点保护植物。

保护建议与措施 建议就地保护为主，禁止乱砍滥伐。

⊙ 郑希龙 拍摄/海南

83 轮叶三棱栎

Trigonobalanus verticillata Forman

分类地位 壳斗目（Fagales）、壳斗科（Fagaceae）、轮叶三棱栎属（*Trigonobalanus*）

识别特征 高大乔木，树高可达 20 m 以上，胸径可达 1 m 左右。叶为 3 叶轮生，偶有 4 叶轮生的情况，枝条常 3 枝轮生在主枝上，果实有 3 棱，形似荞麦种子，3 粒果实聚合在一起。

分布 我国云南和海南；国外马来半岛和婆罗洲也有分布。

优先保护理由 被认为是栎属（*Quercus*）和水青冈属（*Fagus*）植物的祖先之一，原记录分布于印度尼西亚和马来西亚，后来在我国海南首先被发现，有重要科学价值，由于经济发展而栖息地生境被严重破坏，成年植株锐减。

保护建议与措施 建议迁地保护和原地保护相结合，禁止乱砍滥伐，同时进行更为广泛、深入的野外调查，掌握种群最新动态。

⊙ 张荣京 拍摄/海南

84 卵叶桂

Cinnamomum rigidissimum H. T. Chang

别　　名　硬叶樟、卵叶樟

分类地位　樟目（Laurales）、樟科（Lauraceae）、樟属（*Cinnamomum*）

识别特征　小至中型乔木，高达 20 m；枝条圆柱形，无毛，有松脂的香气。小枝略扁，有棱角。叶对生，卵圆形，阔卵形或椭圆形，长 4～7 cm，宽 2～4 cm，革质，离基三出脉，中脉及侧脉两面凸起；叶柄扁平而宽，腹面略具沟，长 1～2 cm，无毛。花序近伞形，生于当年生枝的叶腋内，长 3～6 cm，有花 3～7 朵，总梗长 2～4 cm，略被稀疏贴伏的短柔毛。花被裂片 6，近等大，能育雄蕊 9，退化雄蕊 3。果肉质，有浅杯状果托，成熟果卵球形，长达 2 cm，直径 1.4 cm，乳黄色，果期 8 月。

分　　布　我国海南、广东、广西、台湾，生于海拔 1 700 m 以下的林中溪边。

优先保护理由　我国特有种，具有重要科研价值，人工过度砍伐，自然种群过小，为国家二级重点保护植物。

保护建议与措施　建议以就地保护为主，迁地保护为辅，禁止乱砍滥伐。

⊙ 郑希龙　拍摄/海南

85 囊瓣木

Miliusa horsfieldii（Bennett）Pierre

别　　名 黄皮椿、黄皮藤椿

分类地位 木兰目（Magnoliales）、番荔枝科（Annonaceae）、野独活属（*Miliusa*）

识别特征 乔木，高约 25 m，树干挺直，树皮淡黄褐色，韧皮部黄褐色，略有腥味。叶互生，常绿，纸质，羽状脉，叶柄长约 2 mm，密被黄褐色柔毛。花两性，单朵腋生，暗红色，密被长柔毛，花梗长 1.5 cm，萼片裂片 3 枚，镊合状排列，基部合生，花瓣 6，2 轮，每心皮有胚珠 8 颗，柱头卵圆形，无毛。果 15～30 个，卵状或近圆球状，长和宽 1～2 cm，成熟时暗红色，内有种子 2～8 颗。花期 3—4 月，果期 7—8 月。

分　　布 我国海南（三亚、昌江、白沙、陵水、万宁）、广东；国外分布于老挝、泰国、印度、菲律宾、马来西亚、印度尼西亚、澳大利亚，海南为模式产地，生于海拔 800 m 以下的密林中。

优先保护理由 重要的材用植物，少见。

保护建议与措施 建议就地保护为主，禁止乱砍滥伐。

⊙ 郑希龙　拍摄/海南

86 海南符藤蕨

Teratophyllum hainanense S. Y. Dong & X. C. Zhang

分类地位 水龙骨目（Polypodiales）、鳞毛蕨科（Dryopteridaceae）、符藤蕨属（*Teratophyllum*）

识别特征 附生藤本蕨类。根状茎深棕色，顶端覆盖鳞片。鳞片棕色，披针形。叶二型。不育叶基部幼叶为不对称羽状复叶，基部羽片更多。叶轴具狭翅。羽片扇形至卵状菱形，基部近楔形，顶部近截形，边缘具圆齿，先端圆形，两面具近星形鳞片。成熟不育叶羽状，羽片 8～11 对，长圆披针形，全部有节，柄长 2～7 mm。叶脉分叉 1～2 次，几达边缘。可育叶具 5～8 cm 叶柄，一回羽状。羽片约 10 对，线形，柄长约 6 mm。孢子囊群覆盖整个羽片，孢子球形，孢子周壁折叠，棘刺状。

分布 我国海南（琼中），生于雨林树干上。

优先保护理由 海南特有种，也是该属唯一分布于中国的物种，野外种群数量极少，野外少见，调查分布信息不清。

保护建议与措施 建议加强野外考察，确定分布和种群数量情况，就地保护为主，开展孢子繁育研究，复壮野外居群。

⊙ 周欣欣 拍摄/海南

87 昌江蛛毛苣苔

Paraboea changjiangensis F. W. Xing & Z X. Li

分类地位 唇形目(Lamiales)、苦苣苔科(Gesneriaceae)、蛛毛苣苔属(*Paraboea*)

识别特征 亚灌木，高 4～40 cm，茎圆柱形，不分枝，密被灰绵毛。叶对生，厚纸质，椭圆形或长圆形，长 2～7 cm，宽 1～3 cm，上面密被短柔毛，下面密被灰绵毛，边缘具钝牙齿。叶柄密被灰绵毛，内侧具槽。聚伞花序伞形，腋生，具花 5～10 朵，总花梗长 4～5 cm，幼时密被短柔毛，后变无毛，花梗被短柔毛。花萼钟状，5 裂至基部，外面被短柔毛。花冠淡紫白色，筒长 3～5 mm，冠檐 2 唇形，上唇 2 裂，裂片等长，下唇 3 裂，裂片不等长，中间的 1 片较长。雄蕊 2，内藏；花丝扁平，花药顶端连着；退化雄蕊 2；柱头不分裂。蒴果线状钻形，极扭曲，具光泽。花期 7 月，果期 9 月。

分布 我国海南特有种，仅分布海南昌江县，生于海拔约 600 m 的石灰岩山地。

优先保护理由 仅在海南石灰岩山区有发现，分布范围小，生境狭窄。

保护建议与措施 建议加强野外考察，确定种群最新动态，以就地保护为主，禁止采挖。

⊙ 袁浪兴 拍摄/海南

88 伯乐树

Bretschneidera sinensis Hemsl.

别　　　名 钟萼木

分 类 地 位 十字花目（Brassicales）、叠珠树科（Akaniaceae）、伯乐树属（*Bretschneidera*）

识 别 特 征 乔木，高 10～20 m。小枝有较明显的皮孔。叶互生，奇数羽状复叶，叶柄长 10～18 cm，小叶 7～15 片，无托叶，边全缘，羽状脉，叶面绿色，叶背灰白色，有短柔毛。花大，两性，组成顶生、直立的总状花序，长 20～36 cm。总花梗、花梗、花萼外面有棕色短绒毛，花淡红色，直径约 4 cm，花梗长 2～3 cm；花萼阔钟状，5 浅裂，花瓣 5 片，分离，覆瓦状排列，内面有红色纵条纹。果椭圆球形，近球形或阔卵形，被柔毛，果柄长 2.5～3.5 cm。种子椭圆球形，平滑。花期 3—9 月，果期 5 月至翌年 4 月。

分　　　布 海南、四川、云南、贵州、广西、广东、湖南、湖北、江西、浙江、福建等省区；国外越南北部也有分布，生于低海拔至中海拔的山地林中。

优先保护理由 为单科单属种，国家二级重点保护植物。

保护建议与措施 建议就地保护和迁地保护相结合，禁止乱砍滥伐。

⊙ 郑希龙　拍摄/广东

89 华石斛

Dendrobium sinense Tang & F. T. Wang

分类地位 天门冬目（Asparagales）、兰科（Orchidaceae）、石斛属（*Dendrobium*）

识别特征 多年生附生草本，茎细圆柱形，偶尔上部膨大呈棒状，长达 21 cm，不分枝，具多个节。叶数枚，2 列，通常互生于茎的上部，卵状长圆形，长 2.5～4.5 cm，先端钝并且不等侧 2 裂，基部下延为抱茎的鞘，叶鞘被黑色粗毛。花单生于具叶的茎上端，白色。花苞片卵状披针形，中萼片卵形，侧萼片斜三角状披针形，萼囊宽圆锥形，花瓣近椭圆形，比中萼片稍长而较宽，先端稍钝，唇瓣倒卵形，3 裂，侧裂片近扇形，围抱蕊柱，中裂片扁圆形，先端紫红色，2 裂，唇盘具 5 条纵贯的褶片，褶片红色，在中部呈小鸡冠状，蕊柱长约 5 mm。花期 8—12 月。

分布 我国海南（保亭、乐东、白沙、琼中），生于山地疏林中树干上。

优先保护理由 海南特有种，具有较高的园艺观赏价值，极小种群，国家二级重点保护植物，列入 CITES 公约附录 II。

保护建议与措施 建议就地保护为主，迁地保护为辅，加强人工繁育和种群复壮。

⊙ 陈利君、郑希龙　拍摄/海南

90 海南子楝树

Decaspermum hainanense（Merr.）Merr.

别　　名　多核果

分类地位　桃金娘目（Myrtales）、桃金娘科（Myrtaceae）、子楝树属（*Decaspermum*）

识别特征　小乔木，高约 10 m。幼枝四棱形，被灰褐色柔毛。叶长圆形，长 5～9 cm，初时两面有毛，后无毛，先端稍尖，尖头钝，基部楔形；叶柄长 0.5～1 cm。圆锥花序顶生及腋生，长 4～8 cm，具多花，花序梗长 2～3 cm，花梗长 1～2.5 cm，均有棱，花和果均被灰白色柔毛；苞片倒卵形，小苞片披针形，花白色，径约 2 cm；花萼 5，花瓣卵形先端尖，有腺点，雄蕊花丝红色。核果扁球形，径 7～8 mm，花期 4 月。

分　　布　我国海南三亚、乐东、白沙、保亭、陵水、万宁、琼中、屯昌，生于常绿阔叶林中。

优先保护理由　海南特有种。

保护建议与措施　建议就地保护为主，禁止乱砍滥伐。

⊙ 袁浪兴　拍摄/海南

91 海南哥纳香

Goniothalamus howii Merr. & Chun

分类地位 木兰目(Magnoliales)、番荔枝科(Annonaceae)、哥纳香属(*Goniothalamus*)

识别特征 乔木，高 5～15 m，除花外，全株无毛。叶纸质，长圆形，干时黄褐色。侧脉每边 10～15 条，纤细。叶柄长 7～10 mm。花黄绿色，单朵腋生，被稀疏柔毛。花梗长 1～2 cm，基部有数个小苞片；萼片阔卵形，长约 5 mm，急尖，外轮花瓣革质，阔卵形，心皮 15～18 个，近圆柱状，花柱长圆形，与心皮等长，柱头顶端 2 裂，每心皮有胚珠 6 颗。果卵状或长卵圆状，长 3～6 cm，直径 2～2.5 cm，顶端短尖，基部钝形，无毛，花期几乎全年，果期 5 月至翌年 1 月。

分布 我国海南（保亭）和云南，生于海拔 300～800 m 山地林中或沟谷中。模式标本采自海南岛保亭。

优先保护理由 极小种群。

保护建议与措施 建议就地保护为主，禁止乱砍滥伐。

⊙ 郑希龙　拍摄/海南

92 缘毛红豆

Ormosia howii Merr. et Chun ex Merr. et H. Y. Chen

别　　名 侯氏红豆

分类地位 豆目（Fabales）、豆科（Fabaceae）、红豆属（*Ormosia*）

识别特征 常绿乔木，高可达 10 m。枝密被灰褐色短柔毛。奇数羽状复叶，叶柄长 4.2～5 cm，叶轴长 6.5～7 cm，叶柄、叶轴及小叶柄均粗壮，被灰色短柔毛。小叶 2～3 对，厚革质，长椭圆形，长 6～17 cm，宽 2～6.5 cm，先端短尖。圆锥花序顶生，果期长达 15 cm，密被褐色柔毛。荚果斜椭圆状卵形或卵形菱形，微扁，长 2～2.5 cm，宽 1.5～2 cm，顶端急剧收缩，果瓣厚革质，淡褐黑色，幼果果瓣及边缘均有褐色毛，花萼宿存，密被锈褐色毛，有种子 1～2 粒。种子近圆形，略扁，或三棱形，种皮暗红色，有光泽。

分　　布 我国海南（保亭和陵水）、广东，生于 100～900 m 的山坡林中，山上散生，多见于花岗岩山地。

优先保护理由 我国特有种，材质坚硬，可做雕刻用材，种子红色，可做工艺品，具有科研价值，乱采滥伐严重，为国家一级重点保护植物。

保护建议与措施 建议就地保护为主，禁止乱砍滥伐，加强人工繁育，扩大野外种群。

⊙ 邢福武　拍摄/海南

93 毛杆蕨

Callistopteris apiifolia（C. Presl）Copel.

分类地位 膜蕨目（Hymenophyllales）、膜蕨科（Hymenophyllaceae）、毛杆蕨属（*Callistopteris*）

识别特征 石生或地生草本，植株高 30～40 cm。根状茎先端密被多细胞红棕色长毛，基部有密丝状根。叶柄深棕色，8～13 cm 长，直径 1.5 mm，密被多细胞长毛，被毛早落。叶轴深棕色，略呈之字形，被红褐色多细胞长毛，上部具狭翅。叶片卵状披针形，先端渐尖。羽片约 15 对，紧密间隔或稍呈覆瓦状重叠，互生，具短柄。小羽片 5～8 对，互生，几无柄，稍斜向上。叶脉二叉分支，深棕色，粗壮，两面明显凸起，无毛。孢子生于叶片上部，孢子囊群倒圆锥形，无翅，囊群基部裂片急狭缩，口部不扩张或微张。囊群托深棕色。

分布 我国海南（陵水）、台湾；国外分布于日本、马来西亚、泰国、越南、太平洋群岛（马六甲、密克罗尼西亚、波利尼西亚），生于密林溪沟边。

优先保护理由 膜蕨科中较为高大的具有直立根茎的物种，具有较高的观赏价值，野外极其少见，濒临灭绝。

保护建议与措施 建议划定核心保护小区进行就地保护，急需开展孢子繁育研究，复壮野外居群。

⊙ 舒江平 拍摄/海南

94 小花五桠果

Dillenia pentagyna Roxb.

分类地位 五桠果目(Dilleniales)、五桠果科(Dilleniaceae)、五桠果属(*Dillenia*)

识别特征 落叶乔木，树皮平滑，灰色，薄片状脱落。单叶互生，薄革质，长椭圆形或倒卵状长椭圆形，长20～60 cm，宽10～25 cm，幼态叶常更大，边缘有浅波状齿，齿尖明显凸出，侧脉末端凸出，叶柄长2～5 cm，无毛，基部扩大，两侧有窄翅。花小，数朵簇生于老枝的短侧枝上，直径2～3 cm，花梗长2～4 cm，小苞片早落，萼片绿色，椭圆形。花瓣黄色，长倒卵形，雄蕊2轮，花药比花丝短，外向纵裂，心皮5～6个。果实近球形，外有宿存的肥厚萼片包着，不开裂，直径1.5～2 cm，成熟时黄红色，每个成熟心皮有种子1～2个。种子卵圆形，黑色，无假种皮。花期4—5月。

分布 我国海南、广东和云南；国外分布于中南半岛、马来西亚及印度，生于低海拔的次生灌丛及草地上。

优先保护理由 是材用和药用树种。

保护建议与措施 建议就地保护为主，禁止乱砍滥伐，加强人工繁育，扩大野外种群。

⊙ 袁浪兴 拍摄/海南

95 胀荚红豆

Ormosia inflate Merr. & Chun ex H. Y. Chen

别　名 凹叶红豆

分类地位 豆目（Fabales）、豆科（Fabaceae）、红豆属（*Ormosia*）

识别特征 常绿乔木，高 6～10 m，枝、叶轴及花序密被锈褐色柔毛。奇数羽状复叶，叶柄长 1.5～2.1 cm，叶轴在最上部一对小叶处不延长，叶柄、叶轴均密被褐色柔毛。小叶 2～3 对，先端尾尖，基部窄楔形，下面密被柔毛，中脉上面凹陷，下面隆起。圆锥花序顶生，长 12～15 cm，花密集，花梗短，花萼钟形，5 齿裂，花冠白色，旗瓣近圆形，基部具柄，翼瓣与龙骨瓣长椭圆形。荚果卵形或椭圆形，肥厚，肿胀，长 3～5 cm，宽 22.5 cm，果瓣厚革质，外面密被褐色茸毛，内壁光滑，无隔膜，有种子 1～2 粒。种子近椭圆形或近圆形，稍扁，栗褐色，有光泽，花期 5 月，果期 10—11 月。

分　布 我国海南特有种，生于海拔 350～1 100 m 的溪边林中。

优先保护理由 是材用树种，经济用途大，为国家一级重点保护植物。

保护建议与措施 建议就地保护为主，禁止乱砍滥伐，加强人工繁育和种群复壮。

⊙ 周欣欣　拍摄/海南

96 蕉木

Chieniodendron hainanense（Merr.）Tsiang et P. T. Li

别　　名　钱木、山蕉

分类地位　木兰目（Magnoliales）、番荔枝科（Annonaceae）、蕉木属（*Chieniodendron*）

识别特征　常绿乔木，高可达 16 m，小枝、小苞片、花梗、萼片外面、外轮花瓣两面、内轮花瓣外面和果实均被锈色柔毛。叶互生，羽状脉，薄纸质，长圆状披针形，长 6～10 cm，宽 2～3.5 cm，顶端短渐尖，基部圆形。花两性，1～2 朵腋生或腋外生，花梗短，基部有卵圆形小苞片，黄绿色，直径约 1.5 cm，花梗长 0.6 mm；萼片 3，基部合生，卵圆状三角形，花瓣 6，2 轮，镊合状排列，内外轮近等长，雄蕊多数，长 2 mm，心皮长圆形，密被长柔毛，柱头棍棒状，直立，基部缢缩，顶端全缘，被疏短柔毛。果长圆筒状或倒卵状，长 2～5 cm，直径 2～2.5 cm，外果皮有凸起纵脊，种子间有缢纹。花期 4—12 月，果期冬季至翌年春季。

分　　布　我国海南和广西合浦，我国特有种，生于海拔 300～600 m 山谷、水边密林中。

优先保护理由　林用，科研用，种子寿命短，易腐烂，自然更新难，为国家二级重点保护植物。

保护建议与措施　建议就地保护为主，禁止乱砍滥伐。

⊙ 邓双文　拍摄/广州

97 乐东石豆兰

Bulbophyllum ledungense Tang & F. T. Wang

分类地位 天门冬目（Asparagales）、兰科（Orchidaceae）、石豆兰属（*Bulbophyllum*）

识别特征 多年生附生草本，根状茎匍匐，分枝。假鳞茎在根状茎上彼此相距1～4 cm，顶生1枚叶。叶革质，长圆形，长1.5～3 cm，中部宽0.3～0.8 cm，基部收窄为柄。花葶1～2个，从根状茎上发出，直立，纤细，长1～2 cm。总状花序缩短呈伞状，具2～5朵花，花序柄具3枚膜质鞘，花苞片小，长圆形，与花梗连同子房等长。萼片离生，质地较厚，披针形，侧萼片比中萼片稍较长，基部贴生在蕊柱足上，花瓣长圆形，唇瓣肉质，狭长圆形，先端圆钝，基部具凹槽，上面两侧各具一条紧靠边缘而纵走的龙骨脊。蕊柱粗短，长约0.8 mm，花期6—10月。

分布 我国海南（乐东、保亭），生于山坡林下岩石上。

优先保护理由 海南特有种，科学及文化意义大，具有园艺观赏价值，列入CITES公约附录Ⅱ。

保护建议与措施 建议迁地保护和就地保护相结合，加强人工扩繁和种群复壮。

⊙ 邢福武 拍摄/海南

98 保亭秋海棠

Begonia sublongipes Y. M. Shui

分类地位 葫芦目(Cucurbitales)、秋海棠科(Begoniaceae)、秋海棠属(*Begonia*)

识别特征 多年生肉质草本，具根状茎。茎长 30 cm，疏生粗糙硬毛。单叶互生，托叶卵状三角形，无毛。叶柄较长，具糙硬毛。叶片卵状椭圆形，基部两侧不对称，基部叶脉呈掌状，暗红色。叶基偏斜，心形，叶边缘疏生小齿。花单性，雌雄同株，花具梗，花被片花冠状，粉白色，雌花子房下位，中轴胎座。蒴果单生，宽倒三角形，无毛，具近等长的 3 翅。

分布 我国海南（白沙、保亭）和云南，生于山地密林中。

优先保护理由 极为少见。

保护建议与措施 建议就地保护，禁止采挖。

⊙ 郑希龙 拍摄/海南

99 海南巴豆

Croton laui Merr. & F. P. Metcalf

分类地位 金虎尾目（Malpighiales）、大戟科（Euphorbiaceae）、巴豆属（*Croton*）

识别特征 灌木，高 1～5 m；嫩枝密被星状柔毛，老枝无毛。叶互生，常密生于枝顶，纸质，倒卵形，羽状脉，叶边近全缘，干后黄褐色，叶片近基部中脉两侧各有 1 枚杯状无柄腺体。叶柄长 5～20 mm。总状花序，密被星状绒毛。花单性，雌雄同株，雄花花瓣长圆形，与萼片近等长，被绵毛，雄蕊 10 枚，花丝被绵毛。雌花子房近圆球状，密被星状绒毛。蒴果近球形，直径约 9 mm，疏生星状柔毛，花期 1—5 月。

分布 我国海南昌江，生于低海拔疏林中，模式标本采自昌江。

优先保护理由 海南特有种，种群数量少。

保护建议与措施 禁止乱砍滥伐。

⊙ 郑希龙 拍摄/海南

100 金柑

Citrus japonica Thunb.

别名 金橘

分类地位 无患子目（Sapindales）、芸香科（Rutaceae）、柑橘属（*Citrus*）

识别特征 小乔木，树高 3 m 以内，枝有刺。单身复叶，叶质厚，浓绿，卵状披针形或长椭圆形，长 5～11 cm，宽 2～4 cm，密生芳香气味的透明腺点。叶柄长达 1.2 cm，翼叶甚窄。花两性，单花或 2～3 花簇生。花梗长 3～5 mm，花萼杯状，4～5 裂，花瓣 5 片，覆瓦状排列，芳香。雄蕊 20～25 枚，子房椭圆形，花柱细长，通常为子房长的 1.5 倍，柱头稍增大。果椭圆形或卵状椭圆形，长 2～3.5 cm，橙黄至橙红色，果皮味甜，厚约 2 mm，油胞常稍凸起，瓢囊 5 或 4 瓣，果肉味酸，有种子 2～5 粒，花期 3—5 月，果期 10—12 月。

分布 我国海南、广东、广西东南部、福建、湖南、江西、安徽南部和浙江，现各地所见多为栽培，生于常绿阔叶林，海拔 600～1 000 m 处。

优先保护理由 多为栽培，极少野生，具有食用价值，中国是金柑属植物的起源中心，金柑与其他近缘属植物容易杂交，利用的潜力很大。

保护建议与措施 建议以迁地保护为主，收集野生种质资源，加强人工扩繁和种群复壮。

⊙ 郑希龙 拍摄/海南

101 鹦哥岭飞瀑草

Cladopus yinggelingensis Q. W. Lin, G. Lu & Z. Y. Li

别　　名 鹦哥岭川苔草

分类地位 金虎尾目（Malpighiales）、川苔草科（Podostemaceae）、川苔草属（*Cladopus*）

识别特征 多年生沉水小草本。根扁平，叶状体状，多分枝，干燥时会变白。茎极短，不分枝。不育枝上的叶部分线形，能育枝上的叶鳞片状，2裂呈指状，覆瓦状排列。花葶不及 1 cm，花单朵顶生，两性，两侧对称，开花前藏于佛焰苞内，花被片 2 枚，线形或窄三角形，生于花丝基部两侧。雄蕊 1～2 枚，子房 2 室，花柱线形。蒴果近球形，2 裂，较大的 1 枚裂片宿存，花果期在 2—4 月。

分　　布 我国海南鹦哥岭，紧贴生于河溪激流中的石上。

优先保护理由 海南特有种，2016 年才被命名发表，极小种群，为国家二级重点保护植物。

保护建议与措施 建议就地保护为主，禁止采挖。

⊙ 袁浪兴　拍摄/海南

102 桧叶白发藓

Leucobryum juniperoideum (Brid.) Müll. Hal.

分类地位 曲尾藓目（Dicranales）、白发藓科（Leucobryaceae）、白发藓属（*Leucobryum*）

识别特征 植物体灰绿色，密集垫状丛生。茎直立，高 2～3 cm。叶片卵状披针形，干时略皱缩，湿时直立展出或略呈镰刀状弯曲，长 5～7 mm，宽 1～2 mm，基部卵形，稍短于上部，上部狭披针形，边全缘。中肋宽，扁平，叶片先端几全为中肋所占有，中肋及背部平滑，中央 1 层绿色细胞，腹面无色细胞 1～2 层，背面无色细胞 3～4 层：叶细胞单层，无色透明，狭长形，基部多列，角部细胞极少分化。雌雄异株。蒴柄直立，细长，孢蒴近圆柱形，不对称，不规则弯曲。

分　　布 我国海南（昌江、陵水）、华东、华中、华南和西南地区。泛热带和亚热带也有分布。多生于海拔 1 300～3 600 m 的常绿阔叶林林下石壁或土坡。

优先保护理由 由于具有园艺用途，面临滥采滥挖的风险，为国家二级重点保护植物。

保护建议与措施 建议就地保护为主，禁止野外采挖。

⊙ 张力　拍摄/广东

103 暖地泥炭藓

Sphagnum junghuhnianum Dozy & Molk.

分类地位 泥炭藓目（Sphagnales）、泥炭藓属（*Sphagnum*）

识别特征 植物体粗大，密集交织生长，灰白色至黄绿色，长可达 10 cm。茎细长，具中轴，表皮无色细胞大，壁薄，具大型水孔。枝丛 4～5 枝，其中强枝 2～3 枝，倾立，多少呈尾尖状。茎叶与枝叶异形。茎叶长等腰三角形，上部渐狭，边内卷，先端狭而钝，具齿。枝叶长卵状披针形，渐尖，顶端钝，具细齿，具狭分化边，下部贴生，先端背仰；绿色细胞在叶横切面呈三角形，位于叶腹面，背面全为无色细胞所包围。雌雄异株。

分布 我国海南（五指山、定安、陵水、琼中）、广东、广西、江西、福建、台湾、浙江、四川、贵州、云南、西藏；国外分布于日本、东南亚和南亚地区，生于山地沼泽地、潮湿林地腐殖质或树基。

优先保护理由 由于具有园艺用途，面临滥采滥挖的风险。

保护建议与措施 建议就地保护为主，禁止乱采滥挖。

⊙ 张力 拍摄/广东

第三部分

海南热带雨林国家公园
优先保护大型真菌

海南热带雨林国家公园地处热带，植被丰富，孕育着 2 000 余种大型真菌。在公园的不同海拔地区，均分布有不同种类的大型真菌（曾念开和蒋帅，2020）。在海拔低于 600 m 的地区，常见的大型真菌有暗褐脉柄牛肝菌 *Phlebopus portentosus*（Berk. & Broome）Boedijn、青褶伞 *Chlorophyllum molybdites*（G. Mey.）Massee、巨大口蘑 *Macrocybe gigantea*（Massee）Pegler & Lodge、毛蜂窝孔菌 *Hexagonia apiaria*（Pers.）Fr.、血红密孔菌 *Pycnoporus sanguineus*（L.）Murrill、桂花耳 *Dacryopinax spathularia*（Schwein.）G.W. Martin 等。海拔 600～1 200 m 的地区，是大型真菌物种最为丰富的地带，尤其是各种外生菌根真菌，常见的有拟卵盖鹅膏 *Amanita neoovoidea* Hongo、裂皮鹅膏 *A. rimosa* P. Zhang & Zhu L. Yang、刻鳞鹅膏 *A. sculpta* Corner & Bas、长颈金牛肝菌 *Aureoboletus longicollis*（Ces.）N.K. Zeng & Ming Zhang、海南黄肉牛肝菌 *Butyriboletus hainanensis* N.K. Zeng，Zhi Q. Liang & S. Jiang、橙牛肝菌 *Crocinoboletus rufoaureus*（Massee）N.K. Zeng，Zhu L. Yang & G. Wu、日本网孢牛肝菌 *Heimioporus japonicus*（Hongo）E. Horak、红盖兰茂牛肝菌 *Lanmaoa rubriceps* N.K. Zeng & Hui Chai、暗褐金孢牛肝菌 *Xanthoconium fusciceps* N.K. Zeng，Zhi Q. Liang & S. Jiang、紫盖红菇 *Russula phloginea* J. Song & J.F. Liang、绿盖红菇 *Russula xanthovirens* Y. Song & L.H. Qiu 等。在海拔高于 1 200 m 的地区，可见到须刷菌 *Trichocoma paradoxa* Jungh.、绿杯盘菌 *Chlorociboria aeruginosa*（Oeder）Seaver ex C.S. Ramamurthi，Korf & L.R. Batra、大孢毛杯菌 *Cookeina insititia*（Berk. & M.A. Curtis）Kuntze、香菇 *Lentinula edodes*（Berk.）Pegler、黑壳褐孔菌 *Fuscoporia rhabarbarina*（Berk.）Groposo，Log.-Leite & Góes-Neto 等物种（曾念开和蒋帅，2020）。

海南热带雨林国家公园大型真菌多样性丰富，在公园的热带生态系统中具有重要的作用，但这些大型真菌正在遭受各种各样的威胁，具体表现在：一是一些大型真菌特别是灵芝科的种类正在遭受人们过度地采摘。海南灵芝科真菌种类丰富，其中绝大多数都具有药用价值，常见的有灵芝 *Ganoderma lingzhi* Sheng H. Wu，Y. Cao & Y.C. Dai、重伞灵芝 *G. multipileum* Ding Hou.、紫芝 *G. sinense* J.D. Zhao，L.W. Hsu & X.Q. Zhang、弯柄灵芝 *G. flexipes* Pat.、树脂大孢芝 *Magoderna subresinosum*（Murrill）Steyaert 等（钟金霞等，1998）。海南热带雨林国家公园周边的百姓一直以来都有采摘野生灵芝、并用于市场售卖的行为。因此，每到灵芝子实体生长的季节，村民便会上山采集，更为严重的是，在实际采摘过程中，子实体尚未成熟就被采摘下来，由此导致灵芝无孢子可传播，不能进行有性繁殖，长此以往，使各类灵芝面临濒危（钟剑锋，2008）。因此，对野生灵芝资源进行保护，已经迫在眉睫。二是生境狭窄或只分布于某些特殊生境的大型真菌类群。一些大型真菌只与某种特定的植物形成共生关系，而这种植物的分布范围也非常狭窄，导致该大型真菌仅分布于某个狭窄的区域，具有生存脆弱性的特点（Xue et al.，2019）。三是大型真菌的生长高度依赖周边的生态环境。众所周知，大型真菌的营养类型无论是与植物、动物共生，还是腐生或寄生，均与周边的生态环境息息相关。一些大型真菌的生长环境正在遭受各种因素的破坏，它们的生存面临着威胁。

优先保护大型真菌的遴选，主要从以下 4 个方面考虑：①人为过度采摘的类群。②生境狭窄或只分布于某些特殊生境的种类。③具有良好经济价值（食用、药用、生产毒肽、产木质纤维降解酶）的种类。④典型的热带种。初步筛选后，选取濒危系数（含国内分布频度、海南热带雨林国家公园分布频度、生态特性、潜在的人为破坏 4 个评价指标）、遗传价值系数（含种型情况、地理分布的独特性 2 个评价指标）、利用价值系数、繁殖难易系数四个系列的 8 个评价指标，建立相应的评分标准，对大型真菌进行打分。赋予上述 4 个系数不同权重，计算每种大型真菌的总评分，最后根据总评分由高到低进行排列得到优先保护次序。

总评分 = 濒危系数×55% + 遗传价值系数×20% + 利用价值系数×15% + 繁殖难易系数×10%。

从评估的海南热带雨林国家公园大型真菌中，根据总评分，选出排名前 63 的物种，对其进行优先保护。

1 树脂大孢芝

Magoderna subresinosum（Murrill）Steyaert

别　　名　二孢假芝、树脂假芝

分类地位　多孔菌目（Polyporales）、灵芝科（Ganodermataceae）、大孢芝属（*Magoderna*）

识别特征　子实体一年生，木栓质。菌盖扇形至半圆形，直径5.5～11 cm，基部厚可达2.5 cm；表面黄褐色、红褐色至紫黑褐色，具光泽和明显的同心环纹；菌肉白色，受伤不变色。管口近圆形，白色，新鲜时稍黏；菌管黄褐色至褐色，长可达1.5 cm。无柄。担孢子（12.5～19）μm ×（8～11.5）μm，近卵形至椭圆形，浅黄色，具双层壁，外壁光滑，内壁具明显的小刺。

分　　布　我国海南热带雨林国家公园尖峰岭、鹦哥岭、五指山等片区，广东；国外分布于菲律宾、马来西亚。

优先保护理由　少型属种，热带分布种，良好的药用价值，人为过度采摘。

保护建议与措施　建议加强野外采摘行为的管理，同时对菌种进行分离保藏。

⊙ 曾念开　拍摄/海南

2 弯柄灵芝

Ganoderma flexipes Pat.

别　　　名　灵芝王

分 类 地 位　多孔菌目（Polyporales）、灵芝科（Ganodermataceae）、灵芝属（*Ganoderma*）

识 别 特 征　子实体一年生，木栓质。菌盖匙形至近圆形，直径 2～3 cm，基部厚可达 1 cm；表面红褐色至红色，具光泽；菌肉浅褐色，厚可达 0.2 cm。管口近圆形，每毫米 4～5 个，污白色；菌管褐色，长可达 0.7 cm。具背生或中生柄，菌柄长可达 9 cm，直径可达 1 cm，弯曲，表面与菌盖同色。担孢子（8～9.5）μm×（4.5～6）μm，椭圆形，淡褐色至褐色，具双层壁，外壁光滑，内壁有小刺。

分　　　布　我国海南热带雨林国家公园霸王岭、黎母山、鹦哥岭、尖峰岭等片区，广东、云南；国外越南也有分布。

优先保护理由　热带分布种，良好的药用价值，人为过度采摘。

保护建议与措施　建议加强野外采摘行为的管理，同时对菌种进行分离保藏。

⊙ 曾念开　拍摄/海南

3 热带灵芝

Ganoderma tropicum（Jungh.）Bres.

分类地位 多孔菌目（Polyporales）、灵芝科（Ganodermataceae）、灵芝属（*Ganoderma*）

识别特征 担子果一年生，木栓质至木质。菌盖形状多变，通常为扇形、贝壳形，圆形和肾形，直径可达 17 cm，基部厚达 3 cm；表面红褐色到暗褐色，有强烈的光泽和明显的同心环纹；菌肉黄褐色，无黑色色素带。管口近圆形，污白色。菌管褐色，长可达 8 mm。通常无柄，有时具一短柄。担孢子（6.5～10.5）μm×（4.5～7.8）μm，椭圆形，黄褐色，具双层壁，外壁光滑，内壁有明显的小刺。

分布 我国海南热带雨林国家公园尖峰岭、五指山等片区，广东、广西；国外分布于斯里兰卡、越南。

优先保护理由 热带分布种，良好的药用价值，人为过度采摘，列入《中国生物多样性红色名录——大型真菌卷》无危 LC 等级。

保护建议与措施 建议加强野外采摘行为的管理，同时对菌种进行分离保藏。

⊙ 曾念开 拍摄/海南

4 孤苓核生柄孔菌

Lignosus rhinocerus（Cooke）Ryvarden

别　　　名　灵芝、虎乳灵芝、虎奶

分 类 地 位　多孔菌目（Polyporales）、多孔菌科（Polyporaceae）、核生柄孔菌属（*Lignosus*）

识 别 特 征　担子果一年生，硬木栓质至硬木质。菌盖近圆形，长可达 10 cm，宽可达 8 cm，中部厚 0.3～0.5 cm；表面褐色至深褐色，具同心环纹，具细微绒毛或光滑无毛；边缘锐；菌肉奶油色，木栓质，厚约 0.1 cm。菌孔面白色，孔口近圆形，每毫米 5～8 个；菌管奶油色至浅黄色，长可达 0.2 cm。菌柄长可达 12 cm，直径可达 0.8 cm，单生，从地下菌核里生出，硬木栓质；菌柄表面土黄色至浅黄褐色；菌肉奶油色。菌核多为不规则块状或扁球形，长可达 6 cm，宽可达 4 cm；表面灰褐色，有褶皱。担孢子（3.5～4）μm×（2～3）μm，椭圆形，无色，壁薄，光滑。

分　　　布　我国海南热带雨林国家公园鹦哥岭等片区；国外分布于日本、斯里兰卡、马来西亚、印度尼西亚、菲律宾、巴布亚新几内亚、澳大利亚。

优先保护理由　热带分布种，良好的药用价值，遭受人为采摘。

保护建议与措施　建议对孤苓核生柄孔菌生长环境加强保护，同时对菌种进行分离保藏。

⊙ 曾念开　拍摄/海南

5 金马伦核生柄孔菌

Lignosus cameronensis C.S. Tan

别　　名 金马伦虎乳灵芝

分类地位 多孔菌目（Polyporales）、多孔菌科（Polyporaceae）、核生柄孔菌属（*Lignosus*）

识别特征 担子果一年生，硬木栓质至硬木质。菌盖近圆形，直径可达 13.5 cm，中部厚约 0.4 cm；表面褐色至栗褐色，具同心环纹或沟纹，具皱褶；边缘锐；菌肉白色，质地硬，厚可达 0.3 cm。菌孔面白色，孔口近圆形，每毫米 2～4 个；菌管长可达 0.2 cm。菌柄长可达 8.5 cm，直径可达 1.5 cm，单生，从地下菌核里生出，质地硬；菌柄表面土褐色；菌肉奶油色。菌核多为不规则块状，长和宽均可达 6.5 cm；菌肉纯白色。担孢子（2.4～4.8）μm×（1.9～3.2）μm，椭圆形至近球形，无色，壁薄，光滑。

分　　布 我国海南热带雨林国家公园鹦哥岭等片区；国外分布于马来西亚。

优先保护理由 热带分布种，少型属种，潜在的药用价值。

保护建议与措施 建议对金马伦核生柄孔菌的生长环境加强保护，同时对菌种进行分离保藏。

⊙ 曾念开　拍摄/海南

6 重伞灵芝

Ganoderma multipileum Ding Hou

别　　名　重伞赤芝

分类地位　多孔菌目（Polyporales）、灵芝科（Ganodermataceae）、灵芝属（*Ganoderma*）

识别特征　子实体一年生，木栓质。菌盖扇形至半圆形，直径 4.5～7 cm，基部厚可达 0.6 cm；表面黄褐色至红褐色，具明显的环纹和漆样光泽；菌肉深褐色，软木栓质，厚可达 0.4 cm。管口近圆形，浅黄色，受伤变褐色；菌管深褐色，硬木栓质，长可达 0.3 cm。有柄或无柄。担孢子（8.5～10）μm×（5～7）μm，椭圆形，淡褐色至褐色，具双层壁，外壁光滑，内壁有小刺。

分　　布　我国海南热带雨林国家公园鹦哥岭、五指山等片区，广东、广西、福建、台湾；国外分布于印度。

优先保护理由　热带分布种，良好的药用价值，人为过度采摘。

保护建议与措施　建议加强野外采摘行为的管理，同时对菌种进行分离保藏。

⊙ 曾念开　拍摄/海南

7 臧氏鹅膏

Amanita zangii Zhu L. Yang，T.H. Li & X.L. Wu

分类地位 蘑菇目（Agaricales）、鹅膏科（Amanitaceae）、鹅膏属（*Amanita*）

识别特征 菌盖直径 5～6 cm，扁半球形至平展，中央无凸起或有时稍凸起。菌盖表面白色至米色，被有菌幕残余。菌幕残余褐灰色、暗灰色至近黑色，近锥状或疣状、毡状至近纤毛状。菌盖边缘常有絮状物，无沟纹。菌肉白色，伤不变色。菌褶白色，短菌褶近菌柄端渐窄。菌柄长 6～8 cm，直径 0.8～1.2 cm，近圆柱形，白色至米色，被有纤丝状至絮状鳞片，菌环顶生至近顶生，白色，易破碎。菌柄基部近棒状，稀近球形，直径 1.5～2 cm，在其上半部被有白色至灰色粉末状至絮状菌幕残余。担孢子（8.5～11.5）μm×（6.5～8）μm，椭圆形，无色，壁薄，表面光滑。

分布 我国海南热带雨林国家公园尖峰岭、黎母山等片区；国外分布于泰国。

优先保护理由 热带分布种，树木外生菌根真菌，具有高含量的鹅膏毒肽。

保护建议与措施 建议对臧氏鹅膏的生长环境加强保护。

⊙ 曾念开 拍摄/海南

8 暗褐脉柄牛肝菌

Phlebopus portentosus（Berk. & Broome）Boedijn

别　　名 暗褐网柄牛肝菌、黑牛肝

分类地位 牛肝菌目（Boletales）、微牛肝菌科（Boletinellaceae）、脉柄牛肝菌属（*Phlebopus*）

识别特征 担子果大型至很大。菌盖直径 10～22 cm，近半球形、凸镜形至近平展；表面近光滑，黄褐色至暗褐色；菌肉厚 2～2.5 cm，淡黄色，受伤后不变色。子实层体菌管状，表面污黄色至淡黄色，受伤不变色；管口小，角形。菌柄长 8～12 cm，直径 3～6 cm，近圆柱形，基部膨大；表面被黄褐色至暗褐色绒毛；菌柄菌肉黄色，受伤不变色。担孢子（6～12）μm×（5～9）μm，宽椭圆形，黄褐色，表面光滑。担子果各部位具锁状联合。

分　　布 我国海南热带雨林国家公园尖峰岭、鹦哥岭等片区，广东、贵州、云南；国外分布于斯里兰卡、泰国。

优先保护理由 热带分布种，世界上第一种可人工栽培，并进行产业化的牛肝菌目真菌，收录于《中国生物多样性红色名录——大型真菌卷》名录中，评估为 LC 等级。

保护建议与措施 建议对暗褐脉柄牛肝菌的生长环境加强保护，同时对菌种进行分离保藏。

⊙ 曾念开　拍摄/海南

9 紫芝

Ganoderma sinense J.D. Zhao，L.W. Hsu & X.Q. Zhang

别　　名　中国灵芝、黑灵芝

分类地位　多孔菌目（Polyporales）、灵芝科（Ganodermataceae）、灵芝属（*Ganoderma*）

识别特征　子实体一年生，木栓质。菌盖半圆形至近圆形，直径 6～10 cm，基部厚可达 2 cm；表面紫褐色，光滑，具明显的同心环纹；菌肉褐色至深褐色，软木栓质，厚可达 0.8 cm。管口近圆形，污白色，受伤后变褐色；菌管褐色至深褐色，长可达 1.2 cm。菌柄侧生或偏生，长 5～15 cm，直径 0.7～2 cm，表面近黑色，具油漆样光泽。担孢子（11～12.5）μm×（7～8）μm，椭圆形，淡褐色至褐色，具双层壁，外壁光滑，内壁有小刺。

分　　布　我国海南热带雨林国家公园尖峰岭、霸王岭、吊罗山、鹦哥岭、五指山等片区，广西、福建；国外分布于日本。

优先保护理由　热带分布种，良好的药用价值，被《中华人民共和国药典》（2020 年版）收载、为药材灵芝的基原物种之一，人为过度采摘。

保护建议与措施　建议加强野外采摘行为的管理，同时对菌种进行分离保藏。

⊙ 曾念开　拍摄/海南

10 南亚松乳牛肝菌

Suillus latteri N.K. Zeng，R. Xue，Zhi Q. Liang & S. Jiang

别　　名　虎皮乳牛肝菌

分类地位　牛肝菌目（Boletales）、乳牛肝菌科（Suillaceae）、乳牛肝菌属（*Suillus*）

识别特征　担子果中等至大型。菌盖直径 5～10.5 cm，幼时凸镜形、后平展；表面干燥，密覆平伏的绒毛状鳞片，幼时棕红色至红色、成熟后红棕色；边缘波浪状，向下弯曲，有时老后上卷，幼时常覆有白色残余菌幕；菌盖菌肉淡黄褐色，伤后迅速变为红褐色至褐色。子实层体菌管状，稍延生，幼时常覆有白色菌幕，老后撕裂。管口角形，复孔，直径 1～3 mm，放射状排列，从中心至边缘越来越小，黄色，伤后迅速变为褐色；菌管长 0.2～0.7 cm，淡黄色，伤后迅速变为褐色。菌柄长 3～8 cm，直径 0.3～2 cm，中生，近圆柱形，实心，下部略变细，顶部具菌环；整个菌柄表面棕黄色，菌环下面被平伏的绒毛，或多或少的网纹，亮红色至棕红色鳞片；菌柄菌肉淡黄褐色，伤后迅速变为蓝色，然后变为褐色，基部菌丝白色。担孢子（8～10）μm×（3.5～4.5）μm，近纺锤形至椭圆形，表面光滑，细胞壁稍增厚（达 0.5 μm），黄褐色。

分　　布　我国海南热带雨林国家公园霸王岭等片区。

优先保护理由　热带分布种，松科植物外生菌根真菌，海南热带雨林国家公园内分布范围狭窄。

保护建议与措施　建议对南亚松乳牛肝菌的生长环境加强保护。

⊙ 曾念开　拍摄/海南

11 小致命鹅膏

Amanita parviexitialis Q. Cai，Zhu L. Yang & Y.Y. Cui

分类地位 蘑菇目（Agaricales）、鹅膏科（Amanitaceae）、鹅膏属（*Amanita*）

识别特征 担子果非常小。菌盖直径 1～3 cm，平展，光滑，中央有时稍下陷；菌盖表面白色至污白色、有时稍带褐色；菌盖边缘无条纹；菌肉白色。菌褶离生，密，白色；短菌褶多，近菌柄端渐狭。菌柄长 5～7 cm，直径 0.2～0.5 cm，近圆柱形；基部膨大成近球形，直径约 1 cm；表面白色，光滑，有时覆纤维状细小鳞片；菌托浅杯状，表面白色；菌环上位，白色。担孢子（7.5～9.5）μm×（7～9）μm，近球形，无色，壁薄，表面光滑。

分布 我国海南热带雨林国家公园尖峰岭等片区，广东。

优先保护理由 热带分布种，树木外生菌根真菌，具有高含量的鹅膏毒肽。

保护建议与措施 建议对小致命鹅膏的生长环境加强保护。

⊙ 曾念开 拍摄/海南

12 褐顶黄缘鹅膏

Amanita fuscoflava Zhu L. Yang，Y.Y. Cui & Q. Cai

分类地位 蘑菇目（Agaricales）、鹅膏科（Amanitaceae）、鹅膏属（*Amanita*）

识别特征 担子果中等至大型。菌盖直径 6～10 cm，幼时圆锥状，成熟后扁半球形至平展，中央下凹；表面幼时暗黄褐色、成熟后中部褐色至黑褐色，边缘蜜黄色至浅黄色；菌盖边缘有长沟纹。菌褶淡黄色；短菌褶近菌柄端多平截。菌柄长 6～13 cm，直径 0.8～1.3 cm，近圆柱形，被黄色鳞片，中空；菌环上位，黄色，膜质；菌托白色。担孢子（8.5～10）μm×（6～7）μm，椭圆形，无色，壁薄，表面光滑。

分布 我国海南热带雨林国家公园黎母山、鹦哥岭等片区。

优先保护理由 热带分布种，树木外生菌根真菌，具有食用价值。

保护建议与措施 建议对褐顶黄缘鹅膏的生长环境加强保护。

⊙ 曾念开 拍摄/海南

13 密鳞褶孔牛肝菌

Phylloporus microsquamus N.K. Zeng，L.L. Wu，S. Jiang & Z.Q. Liang

分类地位 牛肝菌目（Boletales）、牛肝菌科（Boletaceae）、褶孔牛肝菌属（*Phylloporus*）

识别特征 担子果小至中型。菌盖直径 1～6 cm，凸镜形至扁平状，中央稍凹陷；表面淡黄色，密被红棕色至棕红色、圆锥形的微小鳞片；菌盖菌肉黄白色，受伤时颜色不变。子实层体菌褶状，下延；菌褶黄色，受伤迅速变蓝色；具小菌褶。菌柄长 2～6 cm，直径 0.2～0.7 cm，中生，近圆柱状，无菌环；表面密被红棕色、棕色至红色的微小鳞片；菌柄菌肉黄白色，受伤时颜色不变；基部菌丝白色。担孢子（8～11）μm×（4～5.5）μm，近纺锤形至椭圆形，浅黄褐色至黄褐色，细胞壁稍厚（达 1 μm），光学显微镜下光滑、扫描电镜下可见杆菌状纹饰。担子果各部位均无锁状联合。

分　　布 我国海南热带雨林国家公园黎母山、鹦哥岭等片区，云南、广西。

优先保护理由 热带分布种，树木外生菌根真菌，具有食用价值。

保护建议与措施 建议对密鳞褶孔牛肝菌的生长环境加强保护。

⊙ 曾念开 拍摄/海南

14 海南鸡油菌

Cantharellus hainanensis N.K. Zeng，Zhi Q. Liang & S. Jiang

分类地位 鸡油菌目（Cantharellales）、齿菌科（Hydnaceae）、鸡油菌属（*Cantharellus*）

识别特征 担子果小型至中等。菌盖直径 2.5～5.5 cm，漏斗形；表面干燥，近光滑，黄色，老后变为浅黄褐色；边缘内卷，通常呈波状或开裂；菌盖中央菌肉厚约 0.3 cm，白色，受伤后不变色。子实层体向下延生，近光滑，有时具有微弱的菌褶，奶油色至黄白色，受伤不变色。菌柄长 3～5.5 cm，直径 0.8～1 cm，中生，近圆柱形，通常中空，菌柄表面覆有细小的黄色至浅黄褐色的鳞片；基部具有黄色至黄白色的绒毛状菌丝。担孢子（6～9）μm×（4～5.5）μm，椭圆形，无色，壁薄至略增厚（达 0.5 μm），表面光滑。担子果各部位具锁状联合。

分布 我国海南热带雨林国家公园鹦哥岭等片区。

优先保护理由 热带分布种，树木外生菌根真菌，具有食用价值。

保护建议与措施 建议对海南鸡油菌的生长环境加强保护。

⊙ 曾念开 拍摄/海南

15 大果鸡油菌

Cantharellus macrocarpus N.K. Zeng，Y.Z. Zhang & Zhi Q. Liang

分类地位 鸡油菌目（Cantharellales）、齿菌科（Hydnaceae）、鸡油菌属（*Cantharellus*）

识别特征 担子果大型。菌盖直径 10～16 cm，呈漏斗状；边缘稍微弯曲，呈不规则波浪状；菌盖表面干燥，近光滑，亮黄橙色，成熟后为深棕黄色；菌盖菌肉厚约 0.4 cm，白色，受伤不变色。子实层体由发育良好、下延、分叉的菌褶组成，褶皱状，且成熟时褶皱更为强烈，黄橙色至深棕黄色，受伤时颜色不变。菌柄长 5.2～6.5 cm，直径 1.7～2.2 cm，中生，近圆柱形，实心；表面干燥，奶油色至淡黄色；基部菌丝污白色。担孢子（6.5～8）μm×（4～5）μm，椭圆形，表面光滑，壁薄至略增厚（达 0.5 μm），无色。担子果各部位具锁状联合。

分布 我国海南热带雨林国家公园霸王岭等片区。

优先保护理由 热带分布种，树木外生菌根真菌，具有食用价值。

保护建议与措施 建议对大果鸡油菌的生长环境加强保护。

⊙ 曾念开　拍摄/海南

16 菌核侧耳

Pleurotus tuber-regium（Fr.）Singer

别名 虎奶菇、具核侧耳

分类地位 蘑菇目（Agaricales）、侧耳科（Pleurotaceae）、侧耳属（*Pleurotus*）

识别特征 子实体从地下的菌核上长出，单生或丛生。菌盖直径 10～20 cm，漏斗形或杯形，后平展但中央仍保持下陷；表面光滑，常有散生、翘起的小鳞片，特别是近中央的部分，淡灰白色至肉桂色，无条纹，边缘有时内卷，薄。菌褶延生，密，苍白至淡黄色，边缘完整。菌柄长 1.3～3.5 cm，直径 0.7～3.5 cm，中生，偶偏生，近圆柱形，实心；表面与菌盖同色，通常有和菌盖表面一样的贴生小鳞片或小绒毛。担孢子（7.5～10）μm×（2.5～4）μm，柱状椭圆形，无色。

分布 我国海南热带雨林国家公园鹦哥岭等片区，云南；世界广布。

优先保护理由 具有良好的食用价值，热带种质资源。

保护建议与措施 建议对菌核侧耳的生长环境加强保护，同时对菌种进行分离保藏。

⊙ 曾念开 拍摄/海南

17 异味鹅膏

Amanita kotohiraensis Nagas. & Mitani

分类地位 蘑菇目（Agaricales）、鹅膏科（Amanitaceae）、鹅膏属（*Amanita*）

识别特征 菌盖直径 4～7 cm，扁半球形至平展；菌盖表面白色至米色，被有菌幕残余；菌幕残余白色，毡状至碎片状；菌盖边缘常有絮状物，无沟纹；菌肉白色，受伤不变色，常有刺鼻气味。菌褶淡黄色；短菌褶近菌柄端渐窄。菌柄长 6～13 cm，直径 0.5～1.5 cm，白色，被白色细小鳞片；菌环上位至近顶生，白色，宿存或破碎消失；菌柄基部近球形，直径 1.5～4 cm，在其上部被有白色疣状、颗粒状至近锥状菌幕残余，不规则或环带状排列。担孢子（7.5～9.5）μm×（5～6.5）μm，宽椭圆形至椭圆形，无色，壁薄，表面光滑。

分布 我国海南热带雨林国家公园尖峰岭等片区，江苏、安徽、湖南、台湾、广东、四川、云南；国外分布于日本。

优先保护理由 树木外生菌根真菌，具有高含量的鹅膏毒肽。

保护建议与措施 建议对异味鹅膏生长环境加强保护。

⊙ 曾念开 拍摄/海南

18 松林橙牛肝菌

Crocinoboletus pinetorum N.K. Zeng，L.L.Wu，Zhi Q. Liang & S. Jiang

分类地位 牛肝菌目（Boletales）、牛肝菌科（Boletaceae）、橙牛肝菌属（*Crocinoboletus*）

识别特征 担子果中等大小。菌盖直径5.5～7 cm，幼时近半球形，老后凸镜形至扁平；表面干燥，黄橙色至淡橙色，上覆微小的红棕色鳞片。菌盖菌肉橙黄色，受伤后迅速而强烈地变为蓝绿色。子实层体菌管状，在菌柄顶端周围稍凹陷；管口近圆形，直径0.3～0.5 mm，黄橙色，受伤时迅速变为蓝黑色或蓝绿色，最后变黑。菌管长约1 cm，淡橙黄色，受伤时变为蓝绿色。菌柄（6～8）cm×（1.7～2）cm，中生，近圆柱形，实心，无菌环；表面干燥，黄橙色，覆盖橙色、棕红色至红黑色鳞片。菌柄菌肉橙黄色，受伤后迅速而强烈地变为蓝绿色；基部菌丝橙黄色。担孢子（9.5～11.5）μm×（4～5）μm，近纺锤形至椭圆形，细胞壁稍增厚（达0.5 μm），表面光滑，浅黄褐色至黄褐色。

分布 我国海南热带雨林国家公园霸王岭等片区。

优先保护理由 热带分布种，松科植物外生菌根真菌，在海南热带雨林国家公园内分布范围狭窄。

保护建议与措施 建议对松林橙牛肝菌的生长环境加强保护。

⊙ 曾念开 拍摄/海南

19 灵芝

Ganoderma lingzhi Sheng H. Wu，Y. Cao & Y.C. Dai

别　　名 瑞草、仙草、林中灵、琼珍、赤芝、红芝、丹芝

分类地位 多孔菌目（Polyporales）、灵芝科（Ganodermataceae）、灵芝属（*Ganoderma*）

识别特征 子实体一年生，木栓质。菌盖直径 5～18 cm，近肾形、半圆形或贝壳形；表面干燥，红褐色或暗红褐色，具油漆样光泽，边缘或多或少具环纹；菌肉双层，上层浅黄褐色，下层泥土黄色。管口近圆形或多角形，幼时白色，成熟时硫黄色，受伤后变褐色或深褐色；菌管褐色，长可达 1.8 cm。具柄，菌柄长可达 22 cm，直径可达 3.5 cm，背生或中生，近圆柱形；表面红褐色至紫黑色。担孢子（8～10.5）μm×（5.5～7）μm，椭圆形，淡褐色至褐色，双层壁，外壁光滑，内壁有小刺。

分　　布 我国海南热带雨林国家公园霸王岭、鹦哥岭、五指山等片区，湖北、安徽、湖南、江苏、江西、山东、四川、天津、云南、浙江；国外分布于老挝、韩国。

优先保护理由 热带种质资源，具有良好的药用价值，被《中华人民共和国药典》(2020年版）收载，为药材灵芝的基原物种之一，人为过度采摘。

保护建议与措施 建议加强野外采摘行为的管理，同时对菌种进行分离保藏。

⊙ 曾念开　拍摄/海南

20 海南黄肉牛肝菌

Butyriboletus hainanensis N.K. Zeng，Zhi Q. Liang & S. Jiang

分类地位 牛肝菌目(Boletales)、牛肝菌科(Boletaceae)、黄肉牛肝菌属(*Butyriboletus*)

识别特征 担子果中等、大型至很大。菌盖直径6～20 cm，近半球形至凸镜形，有时较平展；表面干燥，具绒毛，淡褐色至褐色，菌盖边缘稍内卷；菌盖中央菌肉厚1～2.8 cm，白色，受伤后迅速变为蓝色，后逐渐变为红色，最后变为黑色。子实层体菌管状，在菌柄周围稍下陷；表面黄色，受伤后迅速变为蓝色，再逐渐变为红色，最后变为黑色；管口多角形，直径0.3～0.5 mm；菌管长0.1～1.5 cm，淡黄色，受伤后迅速变为蓝色，再逐渐变为红色，最后变为黑色。菌柄长6～13 cm，直径1.5～3 cm，近圆柱形，中生，实心；表面干燥，灰白色，网纹不清晰，上端小半部为黄色，下端大半部为褐红色；菌柄菌肉白色，受伤后变色情况与菌盖菌肉相同；基部菌丝白色。担孢子（7.5～10）μm×（4～5）μm，近纺锤形或椭圆形，黄褐色，壁略厚，表面光滑。

分布 我国海南热带雨林国家公园鹦哥岭等片区。

优先保护理由 热带分布种，树木外生菌根真菌。

保护建议与措施 建议对海南黄肉牛肝菌的生长环境加强保护。

⊙ 曾念开 拍摄/海南

21 球果状鹅膏

Amanita brunneostrobilipes Zhu L. Yang，Y.Y. Cui & Q. Cai

分类地位 蘑菇目（Agaricales）、鹅膏科（Amanitaceae）、鹅膏属（*Amanita*）

识别特征 担子果中等至大型。菌盖直径 5～13 cm，凸镜形至平展；表面白色至污白色，上覆大的、黄褐色至褐色的锥状鳞片；边缘常悬垂有絮状物，无沟纹；菌肉白色，受伤后不变色。菌褶离生，密，白色至奶油色；短菌褶近菌柄端渐窄。菌柄长 9～17 cm，直径 0.8～2 cm，近圆柱形；表面密被白色、浅黄色至淡粉红色粉末状鳞片；菌环膜质，米色至白色，易破碎；菌柄基部膨大，梭形至近棒形，直径 2～3 cm；表面浅褐色至黄褐色，被有反卷的、浅褐色至浅灰褐色菌幕残余，形似球果。担孢子（8～11）μm×（5～7）μm，椭圆形至长椭圆形，无色，壁薄，表面光滑。

分布 我国海南热带雨林国家公园鹦哥岭等片区。

优先保护理由 热带分布种，树木外生菌根真菌。

保护建议与措施 建议对球果状鹅膏的生长环境加强保护。

⊙ 曾念开　拍摄/海南

22 小鳞白鹅膏

Amanita minutisquama Y.Y. Cui，Q. Cai & Zhu L. Yang

分类地位 蘑菇目（Agaricales）、鹅膏科（Amanitaceae）、鹅膏属（*Amanita*）

识别特征 担子果大型。菌盖直径 9～18 cm，平展，中央无明显凸起或下陷；菌盖表面白色，上覆圆锥状至絮状的白色鳞片；菌盖边缘无沟纹；菌肉白色，受伤不变色。菌褶离生，密，白色至奶油色；短菌褶近菌柄端通常渐窄。菌柄长 5～18 cm，直径 0.8～2.5 cm，近圆柱形；表面白色，有时带褐色调，上半部分覆有不规则排列的纤维状鳞片，下半部分密覆絮状至圆锥状的同色鳞片；菌柄基部梭形至棒形，表面密被絮状至圆锥状白色鳞片，鳞片通常排列成不完整的同心环状；菌环易破碎和脱落。担孢子（7～9）μm×（5～6.5）μm，椭圆形，无色，壁薄，表面光滑。

分布 我国海南热带雨林国家公园鹦哥岭等片区。

优先保护理由 热带分布种，树木外生菌根真菌。

保护建议与措施 建议对小鳞白鹅膏的生长环境加强保护。

⊙ 曾念开　拍摄/海南

23 棒盖金牛肝菌

Aureoboletus clavatus N.K. Zeng & Ming Zhang

分类地位 牛肝菌目（Boletales）、牛肝菌科（Boletaceae）、金牛肝菌属（*Aureoboletus*）

识别特征 担子果中等至大型。菌盖直径 6～15 cm，近半球形、凸镜形至平展；盖表稍黏，上被红褐色鳞片；菌肉近柄处厚 1～1.8 cm，黄白色，在菌肉下部即靠近菌褶的菌肉受伤后缓慢变为黄绿色。子实层体菌管状，在菌柄周围稍稍下陷；管口直径 0.3～0.5 mm，近圆形，黄色，受伤不变色；菌管长 0.2～0.8 cm，菌管内部黄色，受伤不变色。菌柄长 5～9 cm，直径 2～4 cm，近圆柱形，柄表具红褐色纵向的纤维状条纹；菌柄菌肉黄白色，受伤后缓慢变为黄绿色；基部菌丝白色。担孢子（7～8）μm×（5.5～6）μm，近圆形，浅黄褐色至橄榄褐色，表面光滑，细胞壁微微增厚（<1 μm）。

分　　布 我国海南热带雨林国家公园黎母山、尖峰岭等片区。

优先保护理由 热带分布种，树木外生菌根真菌。

保护建议与措施 建议对棒盖金牛肝菌的生长环境加强保护。

⊙ 曾念开　拍摄/海南

24 褐鳞南方牛肝菌

Austroboletus brunneisquamus N.K. Zeng，Chang Xu & S. Jiang

分类地位 牛肝菌目（Boletales）、牛肝菌科（Boletaceae）、南方牛肝菌属（*Austroboletus*）

识别特征 担子果小型至中等大小。菌盖直径 3～6.5 cm，幼时近半球形、后凸镜形至平展；盖表干燥，浅褐色、褐色至暗褐色，幼时近绒毛状，后开裂形成鳞片状；菌盖菌肉白色，受伤不变色。子实层体菌管状，在菌柄周围下陷；管口近圆形，幼时白色、老后粉色，受伤不变色；菌管长 0.6～1.5 cm，浅粉色，受伤不变色。菌柄长 4.5～9 cm，直径 0.7～1.4 cm，中生，近圆柱形；柄表具明显的黄褐色网纹；菌柄菌肉白色，受伤不变色；基部菌丝白色。担孢子（12～14.5）μm×（6～8）μm，纺锤形至扁桃状，表面具有冠状至近网状的纹饰，浅黄褐色。

分布 我国海南热带雨林国家公园鹦哥岭等片区。

优先保护理由 热带分布种，树木外生菌根真菌。

保护建议与措施 建议对褐鳞南方牛肝菌的生长环境加强保护。

⊙ 曾念开 拍摄/海南

25 红柄金牛肝菌

Aureoboletus erythraeus N.K. Zeng，Yi Wang & Zhi Q. Liang

分类地位 牛肝菌目（Boletales）、牛肝菌科（Boletaceae）、金牛肝菌属（*Aureoboletus*）

识别特征 担子果小型、中等至大型。菌盖直径 3.5～11.5 cm，凸镜形至平展；盖表黏，有时具皱褶，密被褐色、褐红色至暗红色的鳞片；菌盖菌肉白色，受伤不变色。子实层体菌管状，直生或在菌柄周围稍稍下陷；管口直径 0.3～0.5 mm，角形，金黄色，受伤不变色；菌管长 0.5～0.6 cm，浅黄色，受伤不变色。菌柄长 7～10 cm，直径 1～2 cm，中生，近圆柱形；柄表黏，密被褐红色、浅红色至暗红色的鳞片；菌柄菌肉白色、有时具红褐色调，受伤不变色；基部菌丝白色。担孢子（8.5～12）μm×（4～5.5）μm，近纺锤形至椭圆形，浅黄褐色至黄褐色，细胞壁微微增厚（达 0.5 μm），表面光滑。

分布 我国海南热带雨林国家公园尖峰岭等片区。

优先保护理由 热带分布种，树木外生菌根真菌。

保护建议与措施 建议对红柄金牛肝菌的生长环境加强保护。

⊙ 曾念开 拍摄/海南

26 红盖兰茂牛肝菌

Lanmaoa rubriceps N.K. Zeng & Hui Chai

分类地位 牛肝菌目（Boletales）、牛肝菌科（Boletaceae）、兰茂牛肝菌属（*Lanmaoa*）

识别特征 担子果中等至大型。菌盖直径 4～11 cm，幼时近半球形，后平展；表面干燥，幼时红色至深红色，成熟后橙红色；菌盖中央菌肉厚约 1 cm，黄色，受伤时迅速变蓝。子实层体菌管状，在菌柄处稍稍下陷；管口幼时堵塞，成熟后圆形或角形，直径 0.3～0.5 mm，黄色，有时带红色调，受伤先迅速变蓝，后缓慢变红褐色；菌管长约 0.5 cm，浅黄色，受伤迅速变蓝，后再缓慢变回浅黄色。菌柄长 5.5～9 cm，直径 1.3～3 cm，中生，近圆柱形，实心；表面黄色，有时覆盖红褐色细小鳞片，受伤后通常迅速变蓝；菌柄菌肉黄色，受伤迅速变蓝；基部菌丝白色。担孢子（8～11）μm×（4～5）μm，梭形或椭圆形，黄褐色，细胞壁微微增厚（达 0.5 μm），表面光滑。

分布 我国海南热带雨林国家公园鹦哥岭等片区。

优先保护理由 热带分布种，树木外生菌根真菌。

保护建议与措施 建议对红盖兰茂牛肝菌的生长环境加强保护。

⊙ 曾念开 拍摄/海南

27 变红小疣柄牛肝菌

Leccinellum alborufescens N.K. Zeng，R. Xue & S. Jiang

分类地位 牛肝菌目（Boletales）、牛肝菌科（Boletaceae）、小疣柄牛肝菌属（*Leccinellum*）

识别特征 担子果小型至中等。菌盖直径 3.5～9 cm，近半球形至凸镜形，边缘向下弯曲；表面干燥，但在湿润时微黏，近光滑，通常褶皱或有凹陷，褐色至深褐色；菌盖中央菌肉厚 0.7～1.4 cm，白色，受伤后迅速变成红色。子实层体菌管状，在菌柄周围下陷；管口角形，直径 0.3～0.5 mm，黄色，受伤后迅速变红再变黑；菌管长 0.5～1.3 cm，浅黄色，受伤后通常变为红色。菌柄长 4.5～11 cm，直径 0.9～1.6 cm，中生，近圆柱形，实心，弯曲；表面白色，有褐色至深褐色的鳞片，有时在菌柄基部带红色调，受伤后通常快速变红；基部菌丝白色。担孢子（8～13）μm×（4～5.5）μm，近纺锤形至椭圆形，浅褐色至黄褐色，细胞壁微微增厚（达 0.5 μm），表面光滑。

分布 我国海南热带雨林国家公园鹦哥岭等片区。

优先保护理由 热带分布种，树木外生菌根真菌。

保护建议与措施 建议对变红小疣柄牛肝菌的生长环境加强保护。

⊙ 曾念开 拍摄/海南

28 密鳞新牛肝菌

Neoboletus multipunctatus N.K. Zeng，H. Chai & S. Jiang

分类地位 牛肝菌目（Boletales）、牛肝菌科（Boletaceae）、新牛肝菌属（*Neoboletus*）

识别特征 担子果中等大小。菌盖直径 5.7～7 cm，凸镜形至近平展；表面干燥，覆有细小绒毛，褐色、暗褐色或黑褐色；菌盖中央菌肉厚 1～1.5 cm，浅黄色，受伤迅速变蓝色。子实层体菌管状，在菌柄周围下陷；表面褐色至红褐色，受伤迅速变蓝黑色；管口近圆形，直径 0.3～0.4 mm；菌管长 0.5～0.7 cm，浅黄色，受伤后迅速变蓝色。菌柄长 7～7.4 cm，直径 1～1.3 cm，中生，近圆柱形，实心，通常弯曲；表面干燥，密覆褐红色鳞片；菌柄菌肉黄色，受伤迅速变为蓝色；基部菌丝黄色。担孢子（8.5～11）μm×（4～5）μm，梭形或椭圆形，浅黄褐色至黄褐色，细胞壁微微增厚（达 0.5 μm），表面光滑。

分布 我国海南热带雨林国家公园鹦哥岭等片区。

优先保护理由 热带分布种，树木外生菌根真菌。

保护建议与措施 建议对密鳞新牛肝菌的生长环境加强保护。

⊙ 曾念开 拍摄/海南

29 祝良粉孢牛肝菌

Tylopilus yangzhuliangii N.K. Zeng，Yi Wang，Xu Zhang & Zhui Li

分类地位 牛肝菌目（Boletales）、牛肝菌科（Boletaceae）、粉孢牛肝菌属（*Tylopilus*）

识别特征 担子果非常小。菌盖直径 0.8～2 cm，幼时近半球形，后凸镜形至平展；盖表干燥，近光滑，浅蓝色至孔雀蓝；菌盖菌肉白色，受伤不变色。子实层体菌管状，直生或在菌柄周围稍稍下陷；管口直径约 0.3 mm，角形至近圆形，白色，受伤变红褐色；菌管长约 0.6 cm，受伤变红褐色。菌柄长 3～3.6 cm，直径 0.3～0.6 cm，中生，近圆柱形；柄表近白色，受伤变浅褐色；菌柄菌肉白色，受伤不变色；基部菌丝白色。担孢子（8～10.5）μm×（4.5～5.5）μm，近纺锤形至椭圆形，浅黄褐色至黄褐色，细胞壁微微增厚（达 0.5 μm），表面光滑。

分布 我国海南热带雨林国家公园鹦哥岭等片区。

优先保护理由 热带分布种，树木外生菌根真菌。

保护建议与措施 建议对祝良粉孢牛肝菌的生长环境加强保护。

⊙ 曾念开 拍摄/海南

30 淡红异色牛肝菌

Sutorius subrufus N.K. Zeng，H. Chai & S. Jiang

分类地位 牛肝菌目（Boletales）、牛肝菌科（Boletaceae）、异色牛肝菌属（*Sutorius*）

识别特征 担子果中等至大型。菌盖直径 5～10 cm，幼时近半球形至凸镜形，后平展；菌盖表面干燥，覆有细小绒毛，褐色至浅红褐色。菌盖中央菌肉厚约 1.6 cm，白色，受伤变浅红色。子实层体菌管状，在菌柄周围稍稍下陷；管口角形，直径约 0.3 mm；菌管长约 1 cm，浅褐色至浅红褐色，受伤不变色，或有时变浅红色。菌柄长 6～10 cm，直径 1～2.2 cm，中生，近圆柱形，实心；表面干燥，灰白色，有时基部呈黄褐色，覆盖浅红褐色至微黑褐色的鳞片，受伤通常变浅红色；菌柄菌肉白色，受伤变浅红色；基部菌丝白色。担孢子（9～12）μm×（3.5～4.5）μm，梭形至椭圆形，浅黄褐色至黄褐色，细胞壁微微增厚（达 0.5 μm），表面光滑。

分布 我国海南热带雨林国家公园鹦哥岭等片区。

优先保护理由 热带分布种，树木外生菌根真菌。

保护建议与措施 建议对淡红异色牛肝菌的生长环境加强保护。

⊙ 曾念开 拍摄/海南

31 暗褐金孢牛肝菌

*Xanthoconium fuscicep*s N.K. Zeng，Zhi Q. Liang & S. Jiang

分类地位 牛肝菌目（Boletales）、牛肝菌科（Boletaceae）、金孢牛肝菌属（*Xanthoconium*）

识别特征 担子果小型至中等。菌盖直径 3～7.5 cm，凸镜形，老后有时平展；表面干燥，近光滑，通常有褶皱，幼时深褐色，后浅褐色至褐色；边缘向内弯曲；菌盖中央菌肉厚 0.5～1.7 cm，白色，受伤不变色。子实层体菌管状，在菌柄周围稍稍下陷；管口角形至近圆形，直径约 0.5 mm，幼时白色，后黄色，受伤不变色；菌管长 0.2～0.6 cm，浅黄色，受伤不变色。菌柄长 4～7 cm，直径 0.5～2.3 cm，中生，近圆柱形，实心，有时弯曲；表面干燥，近光滑，幼时褐色至深褐色，后浅褐色；菌柄菌肉白色，受伤不变色；基部菌丝白色。担孢子（9～12）μm×（3～4）μm，椭圆形至近梭形，金黄色，细胞壁微微增厚（达 0.5 μm），表面光滑。

分布 我国海南热带雨林国家公园尖峰岭、黎母山、鹦哥岭等片区。

优先保护理由 热带分布种，树木外生菌根真菌。

保护建议与措施 建议对暗褐金孢牛肝菌的生长环境加强保护。

⊙ 曾念开 拍摄/海南

32 锥盖网孢牛肝菌

Heimioporus conicus N.K. Zeng & Zhu L. Yang

分类地位 牛肝菌目（Boletales）、牛肝菌科（Boletaceae）、网孢牛肝菌属（*Heimioporus*）

识别特征 担子果中等至大型。菌盖直径 6～12 cm，锥形至近锥形；盖表干燥，近光滑，褐色、褐红色至暗红色；菌盖菌肉黄色，受伤不变色。子实层体菌管状，在菌柄周围下陷；管口角形，黄色，受伤不变色；菌管长 0.9～1.2 cm，浅黄色，受伤不变色。菌柄长 13～23 cm，直径 0.6～2.2 cm，中生，近圆柱形；柄表干燥，近光滑，褐红色至暗红色；菌柄菌肉黄色、老后浅红色，受伤不变色；基部菌丝白色。担孢子（15～19）μm×（11～13）μm，近纺锤形至椭圆形，表面具有不完全的网纹，网纹高 1～2 μm，浅黄褐色至黄褐色。

分布 我国海南热带雨林国家公园尖峰岭等片区。

优先保护理由 热带分布种，树木外生菌根真菌。

保护建议与措施 建议对锥盖网孢牛肝菌的生长环境加强保护。

⊙ 曾念开 拍摄/海南

33 淡褐新牛肝菌

Neoboletus infuscatus N.K. Zeng，S. Jiang & Zhi Q. Liang

分类地位 牛肝菌目（Boletales）、牛肝菌科（Boletaceae）、新牛肝菌属（*Neoboletus*）

识别特征 担子果中等至大型。菌盖直径 6～16 cm，幼时近半球形，后凸镜形至平展；盖表干燥，近光滑，褐黄色、黄褐色至浅褐色；菌盖菌肉黄白色，受伤后迅速变蓝色。子实层体菌管状，在菌柄周围稍稍下陷；管口角形，幼时橙红色、成熟后黄褐色至褐色，受伤先变暗蓝色至蓝黑色，之后再缓慢变为黑色；菌管长 0.6～1.2 cm，浅黄色至黄色，受伤后迅速变蓝色。菌柄长 9～11 cm，直径 1.8～2.5 cm，中生，近圆柱形；柄表干燥，黄色至黄褐色，上覆红色的小鳞片；菌柄菌肉浅黄色至黄色，受伤后迅速变为蓝色；基部菌丝白色。担孢子（8.5～10.5）μm×（3.5～4.5）μm，近纺锤形至椭圆形，表面光滑，细胞壁微微增厚（达 0.5 μm），浅黄褐色至黄褐色。

分布 我国海南热带雨林国家公园鹦哥岭等片区。

优先保护理由 热带分布种，树木外生菌根真菌。

保护建议与措施 建议对淡褐新牛肝菌的生长环境加强保护。

⊙ 曾念开 拍摄/海南

34 复孔薄瓤牛肝菌

Baorangia duplicatopora N.K. Zeng，Xu Zhang & S. Jiang

分类地位 牛肝菌目（Boletales）、牛肝菌科（Boletaceae）、薄瓤牛肝菌属（*Baorangia*）

识别特征 担子果大型。菌盖直径 15～17 cm，幼时近半球形，后凸镜形至平展；盖表干燥，近光滑，玫瑰红色、淡粉红色至紫红色；菌盖菌肉黄白色，受伤不变色，但靠近子实层体处受伤稍稍变蓝色。子实层体菌管状，稍延生；管口角形，复孔，黄色至黄褐色，受伤变蓝色；菌管长 0.4～0.8 cm，浅黄色，受伤变蓝色。菌柄长 6～7 cm，直径 2～4.5 cm，中生，近圆柱形；柄表干燥，上密覆红色至暗红色的小鳞片，有时在菌柄顶端具有网纹；菌柄菌肉浅黄色，受伤变蓝色；基部菌丝白色。担孢子（7.5～11.5）μm×（3.5～5）μm，近纺锤形至椭圆形，表面光滑，细胞壁微微增厚（达 0.5 μm），浅黄褐色至黄褐色。

分布 我国海南热带雨林国家公园五指山、鹦哥岭等片区。

优先保护理由 热带分布种，树木外生菌根真菌。

保护建议与措施 建议对复孔薄瓤牛肝菌的生长环境加强保护。

⊙ 曾念开 拍摄/海南

35 中华辣牛肝菌

Chalciporus sinensis N.K. Zeng，Chang Xu，S. Jiang & Zhi Q. Liang

分类地位 牛肝菌目（Boletales）、牛肝菌科（Boletaceae）、辣牛肝菌属（*Chalciporus*）

识别特征 担子果非常小至小型。菌盖直径 1.5～3.2 cm，幼时近半球形，后凸镜形至平展；盖表干燥，上覆褐色至灰褐色的鳞片；菌盖菌肉白色，受伤不变色。子实层体菌管状，近直生至在菌柄周围稍稍下陷；管口角形至近圆形，红橙色至浅橙色，受伤不变色；菌管长约 0.3 cm，浅黄色至黄橙色，受伤不变色。菌柄长 1.7～2.8 cm，直径 0.2～0.4 cm，中生，近圆柱形；柄表干燥，上密覆浅红色、暗褐色、褐色至黄褐色的鳞片；菌柄菌肉白色，受伤不变色；基部菌丝黄色。担孢子（4～7）μm×（3.5～5）μm，近球形至椭圆形，细胞壁稍增厚（达 0.7 μm），表面光滑，浅黄褐色至黄褐色。

分布 我国海南热带雨林国家公园鹦哥岭等片区。

优先保护理由 热带分布种，树木外生菌根真菌。

保护建议与措施 建议对中华辣牛肝菌的生长环境加强保护。

⊙ 曾念开 拍摄/海南

36 红褐辣牛肝菌

Chalciporus vulparius N.K. Zeng，Chang Xu & Zhi Q. Liang

分类地位 牛肝菌目（Boletales）、牛肝菌科（Boletaceae）、辣牛肝菌属（*Chalciporus*）

识别特征 担子果非常小。菌盖直径 1.5～2 cm，幼时近半球形，后凸镜形至平展；盖表干燥，上密覆绒毛，红褐色至浅红褐色；菌盖菌肉黄白色，受伤不变色。子实层体菌管状，近延生；管口近圆形，粉色，受伤不变色；菌管长约 0.2 cm，粉色，受伤不变色。菌柄长 1.5～2 cm，直径 0.2～0.4 cm，中生，近圆柱形；柄表干燥，上密覆白色、浅褐色至褐色的鳞片；菌柄菌肉黄褐色，受伤不变色；基部菌丝白色。担孢子（5.5～9）μm×（3～5）μm，近纺锤形至椭圆形，细胞壁稍增厚（达 0.7 μm），表面光滑，浅黄褐色至黄褐色。

分布 我国海南热带雨林国家公园霸王岭等片区。

优先保护理由 热带分布种，树木外生菌根真菌。

保护建议与措施 建议对红褐辣牛肝菌的生长环境加强保护。

⊙ 曾念开 拍摄/海南

37 林谷苗圃牛肝菌

Hortiboletus napaeus N.K. Zeng，H.J. Xie，S. Jiang & Zhi Q. Liang

分类地位 牛肝菌目（Boletales）、牛肝菌科（Boletaceae）、苗圃牛肝菌属（*Hortiboletus*）

识别特征 担子果非常小至小型。菌盖直径 1.3～5 cm，幼时近半球形，后凸镜形至平展，有时中部稍稍下陷；盖表干燥，上密覆褐色至红褐色的鳞片；菌盖菌肉黄白色，受伤不变色，或偶尔可见受伤后稍稍变蓝。子实层体菌管状，近直生或在菌柄顶端周围稍稍下陷；管口角形，黄色，受伤不变色，或稍稍变蓝；菌管长 0.2～0.3 cm，浅黄色，受伤不变色，或稍稍变蓝。菌柄长 3～7 cm，直径 0.2～0.6 cm，中生，近圆柱形；柄表干燥，浅褐色至褐色，具纤丝状的纵向条纹；菌柄菌肉浅黄色至浅黄褐色，受伤不变色；基部菌丝白色。担孢子（9～11）μm×（4～5）μm，近纺锤形至椭圆形，细胞壁稍增厚（达 0.5 μm），表面光滑，浅黄褐色至黄褐色。

分　　布 我国海南热带雨林国家公园鹦哥岭等片区。

优先保护理由 通常生于热带森林的沟谷中，分布范围较狭窄。

保护建议与措施 建议对林谷苗圃牛肝菌的生长环境加强保护。

⊙ 曾念开　拍摄/海南

38 欧氏鹅膏

Amanita oberwinkleriana Zhu L. Yang & Yoshim. Doi

分类地位 蘑菇目（Agaricales）、鹅膏科（Amanitaceae）、鹅膏属（*Amanita*）

识别特征 担子果小型至中等。菌盖直径 3～7 cm，扁平至平展；菌盖表面白色，中央有时米黄色，有时有较大的白色、膜质菌幕残余；菌盖边缘无沟纹。菌褶白色，成熟后米色至淡黄色；短菌褶近菌柄端渐窄。菌柄长 5～8 cm，直径 0.5～1 cm，白色，常被白色反卷的纤毛状或绒毛状鳞片；菌环上位，白色；菌柄基部直径 1～2 cm；菌托浅杯状，白色。担孢子（8～10.5）μm×（6～8）μm，椭圆形至宽椭圆形，壁薄，无色，表面光滑。担子果各部位无锁状联合。

分布 我国海南热带雨林国家公园吊罗山、鹦哥岭等片区，福建、台湾、广东、四川、贵州；国外分布于日本。

优先保护理由 树木外生菌根真菌，具有高含量的鹅膏毒肽。

保护建议与措施 建议对欧氏鹅膏的生长环境加强保护。

⊙ 曾念开 拍摄/海南

39 广东松乳牛肝菌

Suillus kwangtungensis Rui Zhang，X.F. Shi，P.G. Liu & G.M. Muell.

分类地位 牛肝菌目（Boletales）、乳牛肝菌科（Suillaceae）、乳牛肝菌属（*Suillus*）

识别特征 担子果小至中型。菌盖直径 3～6 cm，近半球形至凸镜形；表面干燥，密被绒毛，红褐色、红色至亮红色；边缘向下弯曲，常覆有白色残余菌幕；菌肉近菌柄处厚 0.4～1 cm，淡黄褐色。子实层体菌管状，稍延生，幼时常覆有白色菌幕，老后撕裂；管口角形，复孔，直径 1～3 mm，放射状排列，受伤不变色；菌管长 0.2 cm，淡黄色，伤不变色。菌柄长 5～7 cm，直径 0.8～1 cm，中生，实心，近圆柱形，近顶部具菌环；菌柄表面棕黄色，菌环下面被平伏的红褐色绒毛；菌肉淡黄褐色；基部菌丝白色。担孢子（8～10）μm×（3～4）μm，近纺锤形至椭圆形，细胞壁略厚（达 0.5 μm），浅黄色至黄褐色，表面光滑。

分布 我国海南热带雨林国家公园鹦哥岭片区。

优先保护理由 松科植物的外生菌根真菌，在海南热带雨林国家公园内分布范围狭窄。

保护建议与措施 建议对广东松乳牛肝菌的生长环境加强保护。

⊙ 曾念开 拍摄/海南

40 巨大侧耳

Pleurotus giganteus（Berk.）Karun. & K.D. Hyde

别名 猪肚菇、大革耳、大杯香菇、巨大香菇、大斗菇、大杯韧伞

分类地位 蘑菇目（Agaricales）、侧耳科（Pleurotaceae）、侧耳属（*Pleurotus*）

识别特征 担子果中等至大型。菌盖直径 5～16 cm，幼时扁半球形至扁平，中央下凹，成熟后呈漏斗形；菌盖表面干燥，浅黄褐色，中部颜色深，近边缘处被有一圈白色纤毛状鳞片，边缘内卷，菌肉白色。菌褶延生，密，白色至米色，不等长。菌柄长 5～15 cm，直径 0.6～2 cm，中生，近圆柱形，表面黄褐色至褐色，上部被有黄褐色纤毛状鳞片，基部向下延伸呈根状。担孢子（6.5～10）μm×（5.5～7.5）μm，椭圆形，无色，表面光滑。

分布 我国海南热带雨林国家公园霸王岭、吊罗山、鹦哥岭等片区，广东、云南；国外分布于斯里兰卡、泰国、马来西亚、越南。

优先保护理由 热带分布种，良好的食用价值。

保护建议与措施 建议对巨大侧耳的生长环境加强保护，同时对菌种进行分离保藏。

⊙ 曾念开 拍摄/海南

41 暗褐新牛肝菌

Neoboletus obscureumbrinus (Hongo) N.K. Zeng, H. Chai & Zhi Q. Liang

别　　名　赭盖牛肝菌、深褐牛肝菌

分类地位　牛肝菌目（Boletales）、牛肝菌科（Boletaceae）、新牛肝菌属（*Neoboletus*）

识别特征　担子果中等、大型至很大。菌盖直径 7～15 cm，凸镜形，幼时边缘内卷，表面干燥，具绒毛，褐色至暗褐色；菌盖中央菌肉厚 2～3 cm，淡黄色，受伤后缓慢变浅蓝色。子实层体菌管状，在菌柄周围下陷，表面红褐色，受伤后迅速变暗蓝色；管口多角形至近圆形，成熟时直径达 0.3～0.8 mm；菌管长 1～2 cm，暗橘色至金黄色，受伤后缓慢变淡蓝色至暗蓝色。菌柄长 6.5～9 cm，直径 2～5.5 cm，中生，常倒棒形，基部有时呈球形；表面上半部浅黄色至暗橘色，其他部位褐色至褐橘色，被有同色的细颗粒状鳞片；菌柄菌肉淡黄色至浅黄色，受伤后极缓慢地变为淡蓝色；基部菌丝污黄色。担孢子（10～12）μm×（4～5）μm，近梭形或椭圆形，浅黄褐色至黄褐色，细胞壁略厚（达 0.5 μm），表面光滑。

分　　布　我国海南热带雨林国家公园霸王岭、鹦哥岭等片区，云南；国外分布于日本。

优先保护理由　热带分布种，树木外生菌根真菌，良好的食用价值。

保护建议与措施　建议对暗褐新牛肝菌的生长环境加强保护。

⊙ 曾念开　拍摄/海南

42 黑灰网柄牛肝菌

Retiboletus nigrogriseus N.K. Zeng，S. Jiang & Zhi Q. Liang

分 类 地 位 牛肝菌目（Boletales）、牛肝菌科（Boletaceae）、网柄牛肝菌属（*Retiboletus*）

识 别 特 征 担子果小型至中等。菌盖直径 3～6.6 cm，近半球形至凸镜形，有时平展；表面干燥，密覆绒毛，幼时黑色，老后灰色至灰褐色；菌盖边缘下弯；菌盖中央菌肉厚 0.5～1.5 cm，白色，受伤后变浅褐色至煤烟色。子实层体菌管状，在菌柄周围下陷；管口近圆形至圆形，直径约 0.3 mm，白色至灰白色，受伤后变浅褐色至煤烟色；菌管长 0.4～0.5 cm，灰白色，受伤后变为浅褐色至煤烟色。菌柄长 4.5～6 cm，直径 1～2.5 cm，中生，近圆柱形，基部有时膨大，实心；表面干燥，灰白色，从顶部至近基部被网纹；网纹黑色；菌柄菌肉白色，有时带有橄榄色调，受伤后变浅褐色至煤烟色；基部菌丝白色。担孢子（8～10）μm×（3.5～4）μm，梭形至椭圆形，橄榄褐色至黄褐色，细胞壁略厚（达 0.5 μm），表面光滑。

分 布 我国海南热带雨林国家公园鹦哥岭等片区；国外分布于泰国。

优先保护理由 热带分布种，树木外生菌根真菌。

保护建议与措施 建议对黑灰网柄牛肝菌的生长环境加强保护。

⊙ 曾念开 拍摄/海南

43 栲林褶孔牛肝菌

Phylloporus castanopsidis M.A. Neves & Halling

分类地位 牛肝菌目（Boletales）、牛肝菌科（Boletaceae）、褶孔牛肝菌属（*Phylloporus*）

识别特征 担子果小型。菌盖直径 0.8～3.5 cm，平展，中央稍凹陷；表面干燥，上密覆浅褐色、褐色至深褐色的鳞片；菌肉浅黄色，受伤稍变蓝色。子实层体菌褶状，菌褶黄色，受伤后变蓝色。菌柄长 1～2 cm，直径 0.2～0.5 cm，中生，近圆柱形，稍弯曲，基部稍宽，实心；表面干燥，上覆浅褐色至褐色的细小鳞片；基部菌丝白色。担孢子（8～10.5）µm×（3.5～4）µm，椭圆形，细胞壁略厚（达 0.5 µm），黄褐色，在光学显微镜下光滑，扫描电子显微镜下可见杆菌状纹饰。

分布 我国海南热带雨林国家公园鹦哥岭等片区；国外分布于泰国。

优先保护理由 热带分布种，树木外生菌根真菌，具有食用价值。

保护建议与措施 建议对栲林褶孔牛肝菌的生长环境加强保护。

⊙ 曾念开 拍摄/海南

44 小孢黏滑菇

Hebeloma parvisporum Sparre Pedersen，Læssøe，Beker & U. Eberh.

分类地位 蘑菇目（Agaricales）、层腹菌科（Hymenogastraceae）、黏滑菇属（*Hebeloma*）

识别特征 担子果中等至大型。菌盖直径 7～12 cm，凸镜形至平展；表面干燥或微黏，红褐色至黑褐色，边缘有灰白色至黄褐色的菌幕残余形成的一环带；菌肉白色，受伤不变色。菌褶直生，密，幼时灰白色至浅灰色，后变为粉红色或灰红色至紫色，孢子成熟后变为葡萄红色至紫褐色。菌柄长 7～15 cm，直径 0.9～3 cm，近圆柱形，向基部逐渐变大，老后中空；菌柄表面干燥，上覆纤维状至絮状鳞片，鳞片常常连接形成条带；菌环易消失，成熟后在菌柄中上部留下一环带。担孢子（6.5～8.5）μm×（5～6.5）μm，杏仁状至近椭圆形，紫褐色，壁上具疣。

分布 我国海南热带雨林国家公园鹦哥岭等片区；国外分布于老挝。

优先保护理由 热带分布种，树木外生菌根真菌，具有食用价值。

保护建议与措施 建议对小孢黏滑菇的生长环境加强保护。

⊙ 曾念开 拍摄/海南

45 灰盖粉褶鹅膏

Amanita griseorosea Q. Cai，Zhu L. Yang & Y.Y. Cui

分类地位 蘑菇目（Agaricales）、鹅膏科（Amanitaceae）、鹅膏属（*Amanita*）

识别特征 担子果小型至中等。菌盖直径 3～6.5 cm，幼时半球形，成熟后扁平至平展，中央有时稍下陷；菌盖表面褐色至黑褐色，具深色花纹，光滑，中央暗黑褐色；菌盖边缘无沟纹，有时有辐射状裂纹。菌褶淡粉色；短菌褶近菌柄端渐变窄。菌柄长4.5～6.5 cm，直径0.5～1 cm，白色至污白色；常被同色细小鳞片；菌环中上位，膜质，白色，菌柄基部近球形，直径 1～1.5 cm；菌托白色至污白色。担孢子（8.5～10.5）μm×（8～11）μm，球形至近球形，无色，壁薄，表面光滑。

分布 我国海南热带雨林国家公园吊罗山、黎母山、鹦哥岭等片区，云南。

优先保护理由 热带分布种，树木外生菌根真菌，具有高含量的鹅膏毒肽。

保护建议与措施 建议对灰盖粉褶鹅膏的生长环境加强保护。

⊙ 曾念开 拍摄/海南

46 稀褶小皮伞

Marasmius sparsifolius Chun Y. Deng & T.H. Li

别　　名　疏叶小皮伞

分类地位　蘑菇目（Agaricales）、小皮伞科（Marasmiaceae）、小皮伞属（*Marasmius*）

识别特征　担子果小型。菌盖直径 1.5～4 cm，凸镜形至平展，菌盖边缘常可见撕裂状；表面光滑至稍有皱褶，浅黄褐色。菌褶直生，非常稀疏，短、未能延伸到菌盖边缘，白色。菌柄长 3～5 cm，直径 0.1～0.2 cm，中生至稍偏生，圆柱形；柄表中上部白色、下部褐色至褐红色。担孢子（7.5～10）μm×（3～4）μm，椭圆形，无色透明，壁表光滑。担子果各部位均具锁状联合。

分　　布　我国海南热带雨林国家公园尖峰岭等片区。

优先保护理由　热带分布种，在海南热带雨林国家公园内分布范围狭窄。

保护建议与措施　建议对稀褶小皮伞的生长环境加强保护。

⊙ 曾念开　拍摄/海南

47 江西线虫草

Ophiocordyceps jiangxiensis（Z.Q. Liang，A.Y. Liu & Yong C. Jiang） G.H. Sung，J.M. Sung，Hywel-Jones & Spatafora

别　　名　江西虫草、草木王

分类地位　肉座菌目（Hypocreales）、线虫草科（Ophiocordycipitaceae）、线虫草属（*Ophiocordyceps*）

识别特征　子座从寄主的头部长出，簇生或丛生，分枝。长 4.6～7.2 cm，宽 3.2～4 cm，绿色。子囊孢子（5.4～7）μm×（1～1.3）μm，长柱形。

分　　布　我国海南热带雨林国家公园鹦哥岭、五指山等片区，江西。

优先保护理由　热带种质资源，良好的药用价值，列入《中国生物多样性红色名录——大型真菌卷》无危 LC 等级。

保护建议与措施　建议对江西线虫草的生长环境加强保护，同时对菌种进行分离保藏。

⊙ 曾念开　拍摄/海南

48 裂皮鹅膏

Amanita rimosa P. Zhang & Zhu L. Yang

别　名 小白毒鹅膏

分类地位 蘑菇目（Agaricales）、鹅膏科（Amanitaceae）、鹅膏属（*Amanita*）

识别特征 担子果中等大小。菌盖直径 3～5 cm，扁半球形至扁平；菌盖表面白色，平滑或偶有辐射状细小裂纹；菌盖边缘无沟纹，有时边缘开裂。菌褶白色；短菌褶近菌柄端渐变窄。菌柄长 4.5～8 cm，直径 0.4～1 cm，白色至污白色，有时被白色细小鳞片。菌环近顶生，膜质，白色；菌柄基部近球形，直径 0.6～1.4 cm；菌托浅杯状，膜质，白色。担孢子（7～8.5）μm×（6.5～8）μm，球形至近球形，无色，壁薄，表面光滑。

分　布 我国海南热带雨林国家公园黎母山、鹦哥岭等片区，湖南、湖北、贵州、江苏、浙江、广东。

优先保护理由 热带种质资源，树木外生菌根真菌，具有高含量的鹅膏毒肽。

保护建议与措施 建议对裂皮鹅膏的生长环境加强保护。

⊙ 曾念开　拍摄/海南

49 灰盖牛肝菌

Boletus griseiceps B. Feng，Y.Y. Cui，J.P. Xu & Zhu L. Yang

分类地位 牛肝菌目（Boletales）、牛肝菌科（Boletaceae）、牛肝菌属（*Boletus*）

识别特征 担子果中等至大型。菌盖直径 5～11 cm，平展；表面干燥，近平滑，灰褐色；菌肉白色，受伤不变色。子实层体菌管状，在菌柄周围稍稍下陷；管口幼时表面被一层白色菌丝包被，成熟后白色菌丝消失；管口直径约 1 mm，黄色至浅黄褐色，受伤不变色；菌管黄色，受伤后不变色。菌柄长 9～10 cm，直径 1.5～2.5 cm，棒状至近圆柱形；表面淡灰色至淡黄色，被网纹，通常菌柄顶部网纹较密，向下逐渐变稀疏；菌柄菌肉白色，受伤不变色；基部菌丝白色。担孢子（7～9）μm×（4～6）μm，椭圆形至卵形，淡黄色至浅橄榄色，细胞壁略厚（达 0.5 μm），表面平滑。

分布 我国海南热带雨林国家公园鹦哥岭等片区，福建。

优先保护理由 树木外生菌根真菌，具有食用价值。

保护建议与措施 建议对灰盖牛肝菌的生长环境加强保护。

⊙ 曾念开 拍摄/海南

50 封开蜡蘑

Laccaria fengkaiensis Fang Li

分类地位 蘑菇目（Agaricales）、轴腹菌科（Hydnangiaceae）、蜡蘑属（*Laccaria*）

识别特征 担子果中等大小。菌盖直径 5.5～8 cm，幼时凸镜形至钟形，后变为宽凸镜形至宽钟形，老后近平展，中央下凹，边缘具有明显的条纹；表面干燥，被有绒毛，幼时橙白色，后浅橙色至浅红色、老后淡红色；菌肉薄。菌褶直生，疏，具小菌褶，浅红色至灰红色。菌柄长 5.5～9 cm，直径 0.5～0.8 cm，近圆柱形，近基部略膨大，实心；表面干燥，具纤维丝状纵条纹，与菌盖表面同色；基部菌丝白色。担孢子（5.2～6.3）μm×（5.1～6.3）μm，近球形，无色，表面具小刺。

分布 我国海南热带雨林国家公园鹦哥岭、五指山等片区，广东。

优先保护理由 热带分布种，树木外生菌根真菌。

保护建议与措施 建议对封开蜡蘑的生长环境加强保护。

⊙ 曾念开 拍摄/海南

51 黏盖白蜡伞

Hygrophorus glutiniceps C.Q. Wang & T.H. Li

分类地位 蘑菇目（Agaricales）、蜡伞科（Hygrophoraceae）、蜡伞属（*Hygrophorus*）

识别特征 担子果小型。菌盖直径 0.8～4 cm，半球形至凸镜形，常具有不明显的脐；菌盖表面覆盖一层黏状或透明胶状物质，奶油白色，带浅黄色至橙色调；菌肉薄，幼时白色，老后变为褐色。菌褶延生，具小菌褶，幼时白色，成熟后变为黄褐色至褐色。菌柄长 2.5～6 cm，直径 0.3～0.6 cm，近圆柱形，常弯曲；表面白色，有时带有黄色调，覆有透明胶状物质。担孢子（6～8.5）μm×（4～5.5）μm，椭圆形，无色，表面光滑。

分布 我国海南热带雨林国家公园鹦哥岭等片区，广东。

优先保护理由 热带分布种，树木外生菌根真菌。

保护建议与措施 建议对黏盖白蜡伞的生长环境加强保护。

⊙ 曾念开 拍摄/海南

52 大盖兰茂牛肝菌

Lanmaoa macrocarpa N.K. Zeng，H. Chai & S. Jiang

分 类 地 位 牛肝菌目（Boletales）、牛肝菌科（Boletaceae）、兰茂牛肝菌属（*Lanmaoa*）

识 别 特 征 担子果大型。菌盖直径 10～13 cm，幼时近半球形，后凸镜形至平展；表面干燥，密覆绒毛，红褐色；菌盖中央菌肉厚约 2.5 cm，浅黄色，受伤迅速变蓝色。子实层体菌管状，在菌柄周围下陷；表面黄色，受伤先迅速变蓝色，后缓慢变为褐色；管口角形，直径 1～2 mm；菌管长约 1.5 cm。菌柄长 8～11 cm，直径 1.5～2 cm，中生，近圆柱形，实心；表面干燥，红褐色，有时在顶端具网纹；菌柄菌肉黄色，受伤迅速变蓝色；基部菌丝浅黄色。担孢子（10～12）μm×（4.5～5）μm，梭形或椭圆形，黄褐色，细胞壁略厚（达 0.5 μm），表面光滑。

分　　　布 我国海南热带雨林国家公园鹦哥岭等片区，福建。

优先保护理由 热带分布种，树木外生菌根真菌。

保护建议与措施 建议对大盖兰茂牛肝菌的生长环境加强保护。

⊙ 曾念开　拍摄/海南

53 紫盖红菇

Russula phloginea J. Song & J.F. Liang

分类地位 红菇目（Russulales）、红菇科（Russulaceae）、红菇属（*Russula*）

识别特征 担子果中等大小。菌盖直径 5～9 cm，初半球形，后平展，中央下凹，成熟后近漏斗形；表面紫色，具有白色至褐色细小的鳞片；边缘无或具有条纹，成熟后轻微撕裂；菌盖中央菌肉厚达 0.4 cm，白色。菌褶延生，密，白色，受伤不变色。菌柄长 3.5～7 cm，直径 0.7～1.2 cm，近圆柱形；表面光滑或具有纵条纹，污白色；菌柄菌肉白色，受伤不变色。担孢子（6.5～8）μm×（5～6.5）μm，近球形至椭圆形，表面具疣。

分布 我国海南热带雨林国家公园鹦哥岭等片区，云南。

优先保护理由 热带分布种，树木外生菌根真菌。

保护建议与措施 建议对紫盖红菇的生长环境加强保护。

⊙ 曾念开 拍摄/海南

54 绿盖红菇

Russula xanthovirens Y. Song & L.H. Qiu

分类地位 红菇目（Russulales）、红菇科（Russulaceae）、红菇属（*Russula*）

识别特征 担子果中等大小。菌盖直径 5～7.5 cm，漏斗形，成熟后边缘可呈撕裂状；表面干燥，黄绿色至深绿色，边缘颜色较浅；菌盖中央菌肉厚 0.3～0.6 cm，白色，受伤不变色。菌褶直生，密，白色，受伤不变色。菌柄长 4～6 cm，直径 0.8～1.2 cm，中生，近圆柱形，实心；表面干燥，白色。担孢子（5.5～7.5）μm×（4.5～6）μm，近球形至宽椭圆形，无色，表面具有小疣和连接成不完整网纹的脊。

分布 我国海南热带雨林国家公园鹦哥岭等片区，广东。

优先保护理由 热带分布种，树木外生菌根真菌。

保护建议与措施 建议对绿盖红菇的生长环境加强保护。

⊙ 曾念开 拍摄/海南

55 香菇

Lentinula edodes (Berk.) Pegler

别名 香蕈、花菇、香菌、花蕈、冬菇

分类地位 蘑菇目(Agaricales)、类脐菇科(Omphalotaceae)、香菇属(*Lentinula*)

识别特征 担子果中等至大型，单生、群生至丛生。菌盖直径 5～10 cm，初扁半球形，成熟后中部微凸起至近平展，浅褐色、红褐色至深褐色，上被绒毛状鳞片，边缘内卷。菌褶近离生，密，白色，具小菌褶；菌幕丝膜状，近白色或稍具淡紫色调，易消失。菌柄长 1.5～5 cm，直径 0.5～1.8 cm，中生至稍偏生，近圆柱形；柄表淡褐色，被鳞片；菌环丝膜状，易消失。担孢子（5.5～6.5）μm×（2.5～3.5）μm，椭圆形，无色透明，壁表光滑。担子果各部位均具锁状联合。

分布 我国海南热带雨林国家公园黎母山、五指山等片区，安徽、江苏、上海、浙江、江西、湖南、福建、台湾、广东、广西、云南、贵州、四川；国外分布于日本。

优先保护理由 重要的食用价值，热带种质资源。

保护建议与措施 建议对香菇的生长环境加强保护，同时对菌种进行分离保藏。

⊙ 曾念开 拍摄/海南

56 中华腐生牛肝菌

Buchwaldoboletus xylophilus（Petch）Both & B. Ortiz

分类地位 牛肝菌目（Boletales）、牛肝菌科（Boletaceae）、腐生牛肝菌属（*Buchwaldoboletus*）

识别特征 担子果中型至大型。菌盖直径 5～10 cm，近半球形或凸镜形，之后近平展，表面干燥，绒毛状，之后鳞片状，黄褐色至褐色，菌盖中央肉厚 1.7～2.4 cm，黄白色至黄色，受伤后变蓝色。子实层体菌管状，表面黄色至褐黄色，受伤后变蓝色；管口小，近圆形至圆形。菌柄长 8～9.5 cm，直径 1.4～2 cm，近圆柱形，表面干燥，具纵向条纹，密覆褐色至红褐色的小鳞片；菌柄菌肉黄色至褐黄色，受伤后变蓝色，但基部通常不变色。担孢子（4.5～6）μm×（3～4.5）μm，卵形至短椭圆形，表面光滑，细胞壁略厚（达 0.5 μm），黄褐色。

分布 我国海南热带雨林国家公园鹦哥岭等片区，云南；国外分布于斯里兰卡、马来西亚、菲律宾。

优先保护理由 热带分布种，世界上第二种可人工栽培的牛肝菌目真菌。

保护建议与措施 建议对中华腐生牛肝菌的生长环境加强保护，同时对菌种进行分离保藏。

⊙ 曾念开 拍摄/海南

57 中华隐孔菌

Cryptoporus sinensis Sheng H. Wu & M. Zang

别名 荷色菌、松橄榄、树疙瘩

分类地位 多孔菌目（Polyporales）、多孔菌科（Polyporaceae）、隐孔菌属（*Cryptoporus*）

识别特征 子实体一年生，具柄或近无柄，新鲜时无特殊气味，软木栓质，干后木栓质。菌盖扁球形，外伸可达 2 cm，宽可达 3 cm，基部厚可达 1 cm；表面新鲜时乳白色至蛋壳色，干后黄褐色至红褐色，光滑；边缘钝，延生，形成覆盖整个子实层体的菌幕，仅在基部具一小孔。菌肉奶油色，干后木栓质，厚可达 7 mm。孔口圆形或近圆形，每毫米 3～5 个，干后灰褐色，无折光反应；边缘厚，全缘。菌肉奶油色，干后木栓质，厚可达 7 mm。菌管奶油色，硬木栓质，长可达 3 mm。担孢子（8.3～9.5）μm×（3.8～4.2）μm，圆柱形，无色，厚壁，光滑，非淀粉质，弱嗜蓝。

分布 我国海南热带雨林国家公园霸王岭等片区，浙江、云南。

优先保护理由 热带种质资源，良好的药用价值，在海南热带雨林国家公园内分布范围狭窄，收录于《中国生物多样性红色名录——大型真菌卷》名录中，并评估为 LC 等级。

保护建议与措施 建议对中华隐孔菌的生长环境加强保护，同时对菌种进行分离保藏。

⊙ 曾念开 拍摄/海南

58 红缘鹅膏

Amanita rubromarginata Har. Takah.

别名 红黄鹅膏

分类地位 蘑菇目（Agaricales）、鹅膏科（Amanitaceae）、鹅膏属（*Amanita*）

识别特征 担子果中等至大型。菌盖直径 5～9.5 cm，幼时圆锥形，成熟后扁半球形至平展，中央下凹；菌盖表面幼时暗红褐色，成熟后中部橘红色至红褐色，边缘黄色至浅黄褐色；菌盖边缘有红色长沟纹。菌褶米色至淡黄色，短菌褶近菌柄端多平截，褶缘红色至橘红色。菌柄长 7～13 cm，直径 1～1.3 cm，被橘红色鳞片，中空；菌环上位，粉红色至橘红色，膜质；菌托白色。担孢子（7.5～9.5）μm×（6～7.5）μm，宽椭圆形至椭圆形，无色，壁薄，表面光滑。

分布 我国海南热带雨林国家公园尖峰岭、鹦哥岭等片区；国外分布于日本。

优先保护理由 热带分布种，树木外生菌根真菌，食用价值。

保护建议与措施 建议对红缘鹅膏的生长环境加强保护。

⊙ 曾念开 拍摄/海南

59 变蓝罗叶腹菌

Rossbeevera eucyanea Orihara

分类地位 牛肝菌目（Boletales）、牛肝菌科（Boletaceae）、罗叶腹菌属（*Rossbeevera*）

识别特征 担子果生于地下，近球形至椭圆形，直径约 2.6 cm，表面白色至灰白色，受伤强烈而迅速变为暗蓝色；菌肉白色。子实层体幼时白色、成熟后变为巧克力褐色，受伤强烈而迅速变为暗蓝色。担孢子（14～20.5）μm×（7.5～11）μm，椭圆形至纺锤形，暗红褐色，表面具条纹。

分布 我国海南热带雨林国家公园鹦哥岭等片区；国外分布于日本。

优先保护理由 树木外生菌根真菌，腹菌类真菌，具有重要的科研价值。

保护建议与措施 建议对变蓝罗叶腹菌的生长环境加强保护。

⊙ 曾念开 拍摄/海南

60 刻鳞鹅膏

Amanita sculpta Corner & Bas

分类地位 蘑菇目（Agaricales）、鹅膏科（Amanitaceae）、鹅膏属（*Amanita*）

识别特征 担子果中等至大型。菌盖直径 6～18 cm，扁半球形至平展；菌盖表面灰褐色、淡褐色至紫褐色，被锥状至疣状鳞片；鳞片高 0.2～1 cm，基部宽 0.2～0.6 cm，至菌盖边缘逐渐变小，褐色至深褐色；菌盖边缘常有絮状物，无沟纹；菌肉灰白色至淡褐色，受伤后变为褐色。菌褶离生，初期白色带淡红色调，后期紫褐色；短菌褶近菌柄端平截至渐窄，褶缘受伤变褐色。菌柄长 8～23 cm，直径 1.5～3.5 cm，近圆柱形，实心；污白色至褐色，絮状至粉末状鳞片，淡褐色到褐色；菌环上位，近白色，带有粉红色调，易破碎消失；菌柄基部近球形，直径 2.5～5.2 cm，在其上半部及菌柄基部被有褐色、粉末状至疣状鳞片，排列成环带状或卷边状。担孢子（8～11）μm×（8～10.5）μm，球形至近球形，无色，壁薄，表面光滑。

分布 我国海南热带雨林国家公园尖峰岭、霸王岭、黎母山、鹦哥岭、五指山等片区，湖南、福建、广东、广西、云南；国外分布于日本、泰国、新加坡。

优先保护理由 树木外生菌根真菌，热带种质资源。

保护建议与措施 建议对刻鳞鹅膏的生长环境加强保护。

⊙ 曾念开 拍摄/海南

61 紫褐孢黏滑菇

Hebeloma lactariolens（Clémençon & Hongo）B.J. Rees & Orlovich

分类地位 蘑菇目（Agaricales）、层腹菌科（Hymenogastraceae）、黏滑菇属（*Hebeloma*）

识别特征 担子果小型。菌盖直径 1.3～4 cm，幼时近半球形，后凸镜形至平展；菌盖表面红褐色，边缘近白色；菌肉淡红色。菌褶密，红褐色。菌柄长 4～10 cm，直径 0.5～1.2 cm，近圆柱形；菌柄表面近白色至淡褐色，被浅褐色鳞片；基部菌丝白色。担孢子（8～10.5）μm×（5.5～7）μm，扁桃状，紫褐色，壁上具疣。

分布 我国海南热带雨林国家公园鹦哥岭等片区；国外分布于日本。

优先保护理由 树木外生菌根真菌，热带种质资源。

保护建议与措施 建议对紫褐孢黏滑菇的生长环境加强保护。

⊙ 曾念开 拍摄/海南

62 海参秃马勃

Calvatia holothuroides Rebriev

分类地位 蘑菇目（Agaricales）、灰包科（Lycoperdaceae）、秃马勃属（*Calvatia*）

识别特征 担子果中等大小。高4～5 cm，直径3～5.5 cm，梨形、陀螺形至宽杯形。外包被两层，薄，容易从产孢体中分离，易碎，表面被绒毛，黄橙色至灰白色，稍皱；内包被橄榄褐色。孢体柔软，黄褐色。担孢子（3.5～4.5）μm×（2.5～3）μm，椭圆形，透明，表面有小刺。

分布 我国海南热带雨林国家公园鹦哥岭等片区；国外分布于越南。

优先保护理由 热带分布种，在热带雨林国家公园范围内少见。

保护建议与措施 建议对海参秃马勃的生长环境加强保护。

⊙ 曾念开 拍摄/海南

63 平地小皮伞

Marasmius campestris N.K. Zeng，Zhi Q. Liang & M.S. Su

分类地位 蘑菇目（Agaricales）、小皮伞科（Marasmiaceae）、小皮伞属（*Marasmius*）

识别特征 担子果小型。菌盖直径 1.5～3 cm，幼时半球形，后平展，菌盖中部下凹呈脐形，边缘稍内卷，有时呈撕裂状；表面光滑无毛，有深沟状沟纹和条纹，幼时菌盖中央和条纹浅紫色，后逐渐变为浅褐色、褐色至深褐色，沟纹浅黄褐色至黄褐色；菌肉薄，灰白色。菌褶直生，疏，具小菌褶，幼时灰白色，后浅褐色，边缘光滑，全缘。菌柄长 4.5～7 cm，直径 0.1～0.2 cm，中生，近圆柱形，基部稍膨大，中空；菌柄表面干燥，黄褐色至褐色，覆有细小的灰白色鳞片；基部菌丝污白色。担孢子（20～25）μm×（5～7.5）μm，近棒形或近纺锤形，无色，壁薄，表面光滑。担子果各部位均具锁状联合。

分布 我国海南热带雨林国家公园鹦哥岭等片区。

优先保护理由 热带分布种，具有分解森林中枯枝落叶的作用。

保护建议与措施 建议对平地小皮伞的生长环境加强保护。

⊙ 曾念开 拍摄/海南

参考文献

陈德祥，李意德，骆土寿，等，2004. 海南岛尖峰岭鸡毛松人工林乔木层生物量和生产力研究[J]. 林业科学研究，17（5）：598-604.

陈伟文，孙秀秀，姜殿强，2019. 海南省坡垒种质资源调查报告[J]. 林业世界，8（4）：142-147.

陈一帆，翟晓飞，陶星宇，等，2019. 标记重捕法对模式产地霸王岭睑虎种群资源调查[J]. 四川动物，38（4）：420-424.

陈玉凯，杨小波，李东海，等，2011. 海南霸王岭海南油杉群落优势种群的种间联结性研究[J]. 植物科学学报，29（3）：278-287.

陈之端，路安民，刘冰，等，2019. 中国维管植物生命之树[M]. 北京：科学出版社.

邓利和，钟仕进，农寿千，2017. 海南岛降香黄檀种质资源调查与分析[J]. 热带林业，45（1）：42-45.

方发之，陈素灵，桂慧颖，2020. 坡垒生境调查及濒危原因分析[J]. 热带林业，48（4）：9-12.

费梁，叶昌媛，江建平，2012. 中国两栖动物及其分布彩色图鉴[M]. 成都：四川科学技术出版社.

傅立国，1991. 中国植物红皮书[M]. 北京：科学出版社.

广东省昆虫研究所动物室，中山大学生物系，1983. 海南岛的鸟兽[M]. 北京：科学出版社.

郭冬生，张正旺，2015. 中国鸟类生态大图鉴[M]. 重庆：重庆大学出版社.

李新辉，李捷，李跃飞，2020. 海南岛淡水及河口鱼类原色图鉴[M]. 北京：科学出版社.

李肇晨，陈永富，洪小江，等，2015. 海南霸王岭陆均松种群年龄结构与点格局分布特征[J]. 生态学杂志，34（6）：1507-1515.

林家怡，吴世捷，庄雪影，等，2007. 海南鹦歌岭轮叶三棱栎（*Trigonobalanus verticillata*）群落特征与保护对策[J]. 生态学报，27（6）：2230-2238.

林柳，孙亮，王伟，等，2018. 海南四眼斑水龟的分类地位与命名[J]. 四川动物，37（4）：435-438.

刘少英，吴毅，2019. 中国兽类图鉴[M]. 福州：海峡书局.

刘阳，陈水华，2021. 中国鸟类观察手册[M]. 长沙：湖南科学技术出版社.

秦新生，张荣京，陈红锋，等，2005. 海南岛石灰岩地区珍稀濒危植物及其保护[J]. 中山大学学报（自然科学版），S1：291-298.
裘树平，刘仲苓，1994. 中国保护植物[M]. 上海：上海科技教育出版社.
申志新，王德强，李高俊，等，2021. 海南淡水及河口鱼类图鉴[M]. 北京：中国林业出版社.
史海涛，赵尔宓，王力军，2011. 海南两栖爬行动物志[M]. 北京：科学出版社.
史海涛，朱麟，钟琼芯，2012. 海南省志·动植物志[M]. 海口：海南出版社.
Smith，A. T.，解焱，2009. 中国兽类野外手册[M]. 长沙：湖南教育出版社.
陶星宇，翟晓飞，王同亮，2021. 海南睑虎繁殖生物学特征初步观察[J]. 动物学杂志，56（1）：40-45.
汪继超，2014. 海南吊罗山常见脊椎动物彩色图鉴[M]. 北京：中国林业出版社.
汪继超，史海涛，2002. 海南孔雀雉[J]. 生物学通报，37（11）：24.
王发国，秦新生，陈红锋，等，2006. 海南岛石灰岩特有植物的初步研究[J]. 热带亚热带植物学报，1：45-54.
王发国，张荣京，邢福武，等，2007. 海南鹦哥岭自然保护区的珍稀濒危植物与保育[J]. 武汉植物学研究，3：303-309.
王露露，刘欣怡，唐文，等，2022. 海南黄花梨产业的调查与思考[J]. 林业世界，11（2）：56-68.
王应祥，徐龙辉，1981. 椰子狸的一新亚种——海南椰子狸[J]. 动物分类学报，6（4）：446-448.
魏建和，郑希龙，2019. 中国中药资源大典（海南卷共 4 册）[M]. 北京：北京科学技术出版社.
邢福武，吴德邻，李泽贤，等，1995. 海南岛特有植物的研究[J]. 热带亚热带植物学报，1：1-12.
严岳鸿，周喜乐，2018. 海南蕨类植物[M]. 北京：中国林业出版社.
颜家安，2006. 海南岛生态环境变迁史研究——以植物和动物变迁为研究视角[D]. 南京：南京农业大学.
杨小波，2015. 海南植物图志[M]. 北京：科学出版社.
杨小波，陈玉凯，李东海，等，2016. 海南珍稀保护植物图鉴与分布特征研究[M]. 北京：科学出版社.
游娟，林乐乐，谢磊，等，2017. 鹦哥岭海南五针松的种内和种间竞争[J]. 广西植物，37（6）：776-782.
曾念开，蒋帅，2020. 海南鹦哥岭大型真菌图鉴[M]. 海口：南海出版公司.
张丽，杨小波，农寿千，等，2019. 两种不同保护模式下坡垒种群发育特征[J]. 生态学报，39（10）：3740-3748.
张荣京，赵哲，苏文拔，等，2015. 海南甘什岭保护区珍稀濒危植物的分布与评估[J]. 生物多样性，23（1）：11-17.
郑光美，2017. 中国鸟类分类与分布名录（第三版）[M]. 北京：科学出版社.
钟剑锋，2008. 浅谈海南野生灵芝现状及开发利用对策[J]. 热带林业，36（4）.
钟金霞，郭建荣，肖敏，等，1998. 海南岛药用灵芝资源的调查研究[J]. 中国药学杂志，33（11）：652-655.
周润邦，彭霄鹏，侯勉，等，2019. 睑虎属一新种——中华睑虎[J]. 石河子大学学报（自然科学版），

37（5）：549-556.

Lin L，Chen H，Wang Z，et al.，2020. Characterization and comparison of mitogenomes of three “eyed” turtles *Sacalia* spp[J]. Mitochondrial DNA Part B，5（3）：3206-3208.

Takhtajan A，1986. Floristic Regions of the World[M]. University of California Press，Berkeley. Translated from the Russian edition，with revisions by the author，by Theodore J. Crovello. Arthur Cronquist，translation editor.

Tian H Z，Li L，Hu A Q，et al.，2008. Anoectochilus hainanensis（Orchidaceae），a new species from Hainan，China[J]. Ann. Bot. Fenn.，45（3）：220-222.

Van der Hammen T，Cleef A M，1983. Trigonobalanus and the tropical amphi-Pacific element in the North Andean forest[J]. J. Biogeogr，10（5）：437-440.

Van Steenis C G G J，1972. The Mountain Flora of Java[M]. E.J. Brill，Leiden.

Whitmore T C，1975. Tropical Rain Forests of the Far East[M]. Clarendon，Oxford.

Xu D P，Xu S S，Zhang N N，et al.，2019. Chloroplast genome of Dalbergia cochinchinensis（Fabaceae），a rare and endangered rosewood species in Southeast Asia[J]. Mitochondrial DNA Part B，4：1144-1145.

Xue R，Liang Z Q，Chai H，et al.，2019. The Suillus spraguei complex（Suillaceae，Boletales）：new taxon，new hosts and amended descriptions[J]. Phytotaxa，401（4）：239-256.

Zhou R B，Wang N，Chen B，et al.，2018. Morphological evidence uncovers a new species of *Goniurosaurus*（Squamata：Eublepharidae） from the Hainan Island，China[J]. Zootaxa，4369（2）：281-291.

Zhu H，2016. Biogeographical evidences help revealing the origin of hainan island[EB]. https://journals.plos.org/plosone/article?id=10.1371/journal.pone.0151941[2022-03-16].